Facts Practice W

Saxon Math™
6/5

Stephen Hake
John Saxon

SAXON™
PUBLISHERS

Saxon Publishers gratefully acknowledges the contributions of the following individuals in the completion of this project:

Authors: Stephen Hake, John Saxon

Editorial Support Services: Jay Allman, Darlene C. Terry, Jack Day, Stephen Gill, Cassandra Phillips

Production: Sunnie Atkins, Lois Rossman, Julie A. Webb, Cristi D. Whiddon

Project Management: Angela Johnson, Becky Cavnar

© 2004 Saxon Publishers, Inc., and Stephen Hake

All rights reserved. No part of *Saxon Math 6/5,* **Third Edition, Facts Practice Workbook** may be reproduced, stored in a retrieval system, or transmitted in any form or by any means, electronic, mechanical, photocopying, recording, or otherwise, without the prior written permission of the publisher.

Printed in the United States of America

ISBN: 1-59141-283-8

Manufacturing Code: 4 5 6 7 8 862 12 11 10 09 08

FROM THE AUTHOR

Dear Student,

You use your memory to help you in many ways. Your memory enables you to perform many of the routines in life almost without thought. You brush your teeth, you tie your shoes, and you read the comics effortlessly, because what was once difficult has become easy. You may intentionally practice certain activities to become very good at them. For example, you may practice fundamentals of sports, techniques for playing musical instruments, and maneuvers for video or computer games. Mastering the routines of these activities makes you a better athlete, musician, and player.

Likewise, practicing basic mathematics facts can help you be more successful in mathematics, which will enable you to do many things you may want to do in life. The facts practice in this workbook can help you commit to memory information that will make you a stronger student and a more powerful problem solver. With practice, recalling a large range of mathematical facts can be as automatic as tying your shoes and brushing your teeth.

This workbook contains the collection of Facts Practice Tests suggested at the beginning of each lesson and test in *Saxon Math 6/5*. Memorizing these facts requires effort, and practicing them takes time. However, you will be generously repaid for the effort and time you invest by the power and speed that memorizing these facts will give you. You will solve many problems more easily and will complete assignments more quickly. You will also feel a genuine sense of satisfaction because you will learn important information that will serve you well for the rest of your life.

Stephen Hake
Temple City, California

FACTS PRACTICE TEST

 100 Addition Facts
For use with Lesson 5

Name _____
Time _____

Add.

$3 \\ +2$	$8 \\ +3$	$2 \\ +1$	$5 \\ +6$	$2 \\ +9$	$4 \\ +8$	$8 \\ +0$	$3 \\ +9$	$1 \\ +0$	$6 \\ +3$
$7 \\ +3$	$1 \\ +6$	$4 \\ +7$	$0 \\ +3$	$6 \\ +4$	$5 \\ +5$	$3 \\ +1$	$7 \\ +2$	$8 \\ +5$	$2 \\ +5$
$4 \\ +0$	$5 \\ +7$	$1 \\ +1$	$5 \\ +4$	$2 \\ +8$	$7 \\ +1$	$4 \\ +6$	$0 \\ +2$	$6 \\ +5$	$4 \\ +9$
$8 \\ +6$	$0 \\ +4$	$5 \\ +8$	$7 \\ +4$	$1 \\ +7$	$6 \\ +6$	$4 \\ +1$	$8 \\ +2$	$2 \\ +4$	$6 \\ +0$
$9 \\ +1$	$8 \\ +8$	$2 \\ +2$	$4 \\ +5$	$6 \\ +2$	$0 \\ +0$	$5 \\ +9$	$3 \\ +3$	$8 \\ +1$	$2 \\ +7$
$4 \\ +4$	$7 \\ +5$	$0 \\ +1$	$8 \\ +7$	$3 \\ +4$	$7 \\ +9$	$1 \\ +2$	$6 \\ +7$	$0 \\ +8$	$9 \\ +2$
$0 \\ +9$	$8 \\ +9$	$7 \\ +6$	$1 \\ +3$	$6 \\ +8$	$2 \\ +0$	$8 \\ +4$	$3 \\ +5$	$9 \\ +8$	$5 \\ +0$
$9 \\ +3$	$2 \\ +6$	$3 \\ +0$	$6 \\ +1$	$3 \\ +6$	$5 \\ +2$	$0 \\ +5$	$6 \\ +9$	$1 \\ +8$	$9 \\ +6$
$4 \\ +3$	$9 \\ +9$	$0 \\ +7$	$9 \\ +4$	$7 \\ +7$	$1 \\ +4$	$3 \\ +7$	$7 \\ +0$	$2 \\ +3$	$5 \\ +1$
$9 \\ +5$	$1 \\ +5$	$9 \\ +0$	$3 \\ +8$	$1 \\ +9$	$5 \\ +3$	$4 \\ +2$	$9 \\ +7$	$0 \\ +6$	$7 \\ +8$

Saxon Math 6/5

FACTS PRACTICE TEST

 100 Addition Facts
For use with Lesson 6

Name _____
Time _____

Add.

3 + 2	8 + 3	2 + 1	5 + 6	2 + 9	4 + 8	8 + 0	3 + 9	1 + 0	6 + 3
7 + 3	1 + 6	4 + 7	0 + 3	6 + 4	5 + 5	3 + 1	7 + 2	8 + 5	2 + 5
4 + 0	5 + 7	1 + 1	5 + 4	2 + 8	7 + 1	4 + 6	0 + 2	6 + 5	4 + 9
8 + 6	0 + 4	5 + 8	7 + 4	1 + 7	6 + 6	4 + 1	8 + 2	2 + 4	6 + 0
9 + 1	8 + 8	2 + 2	4 + 5	6 + 2	0 + 0	5 + 9	3 + 3	8 + 1	2 + 7
4 + 4	7 + 5	0 + 1	8 + 7	3 + 4	7 + 9	1 + 2	6 + 7	0 + 8	9 + 2
0 + 9	8 + 9	7 + 6	1 + 3	6 + 8	2 + 0	8 + 4	3 + 5	9 + 8	5 + 0
9 + 3	2 + 6	3 + 0	6 + 1	3 + 6	5 + 2	0 + 5	6 + 9	1 + 8	9 + 6
4 + 3	9 + 9	0 + 7	9 + 4	7 + 7	1 + 4	3 + 7	7 + 0	2 + 3	5 + 1
9 + 5	1 + 5	9 + 0	3 + 8	1 + 9	5 + 3	4 + 2	9 + 7	0 + 6	7 + 8

Saxon Math 6/5

FACTS PRACTICE TEST

A **100 Addition Facts**
For use with Lesson 7

Name _____
Time _____

Add.

3 + 2	8 + 3	2 + 1	5 + 6	2 + 9	4 + 8	8 + 0	3 + 9	1 + 0	6 + 3
7 + 3	1 + 6	4 + 7	0 + 3	6 + 4	5 + 5	3 + 1	7 + 2	8 + 5	2 + 5
4 + 0	5 + 7	1 + 1	5 + 4	2 + 8	7 + 1	4 + 6	0 + 2	6 + 5	4 + 9
8 + 6	0 + 4	5 + 8	7 + 4	1 + 7	6 + 6	4 + 1	8 + 2	2 + 4	6 + 0
9 + 1	8 + 8	2 + 2	4 + 5	6 + 2	0 + 0	5 + 9	3 + 3	8 + 1	2 + 7
4 + 4	7 + 5	0 + 1	8 + 7	3 + 4	7 + 9	1 + 2	6 + 7	0 + 8	9 + 2
0 + 9	8 + 9	7 + 6	1 + 3	6 + 8	2 + 0	8 + 4	3 + 5	9 + 8	5 + 0
9 + 3	2 + 6	3 + 0	6 + 1	3 + 6	5 + 2	0 + 5	6 + 9	1 + 8	9 + 6
4 + 3	9 + 9	0 + 7	9 + 4	7 + 7	1 + 4	3 + 7	7 + 0	2 + 3	5 + 1
9 + 5	1 + 5	9 + 0	3 + 8	1 + 9	5 + 3	4 + 2	9 + 7	0 + 6	7 + 8

Saxon Math 6/5

FACTS PRACTICE TEST

A **100 Addition Facts**
For use with Lesson 8

Name _____
Time _____

Add.

3 + 2	8 + 3	2 + 1	5 + 6	2 + 9	4 + 8	8 + 0	3 + 9	1 + 0	6 + 3
7 + 3	1 + 6	4 + 7	0 + 3	6 + 4	5 + 5	3 + 1	7 + 2	8 + 5	2 + 5
4 + 0	5 + 7	1 + 1	5 + 4	2 + 8	7 + 1	4 + 6	0 + 2	6 + 5	4 + 9
8 + 6	0 + 4	5 + 8	7 + 4	1 + 7	6 + 6	4 + 1	8 + 2	2 + 4	6 + 0
9 + 1	8 + 8	2 + 2	4 + 5	6 + 2	0 + 0	5 + 9	3 + 3	8 + 1	2 + 7
4 + 4	7 + 5	0 + 1	8 + 7	3 + 4	7 + 9	1 + 2	6 + 7	0 + 8	9 + 2
0 + 9	8 + 9	7 + 6	1 + 3	6 + 8	2 + 0	8 + 4	3 + 5	9 + 8	5 + 0
9 + 3	2 + 6	3 + 0	6 + 1	3 + 6	5 + 2	0 + 5	6 + 9	1 + 8	9 + 6
4 + 3	9 + 9	0 + 7	9 + 4	7 + 7	1 + 4	3 + 7	7 + 0	2 + 3	5 + 1
9 + 5	1 + 5	9 + 0	3 + 8	1 + 9	5 + 3	4 + 2	9 + 7	0 + 6	7 + 8

Saxon Math 6/5

FACTS PRACTICE TEST

B | **100 Subtraction Facts**
For use with Lesson 9

Name _____
Time _____

Subtract.

16 − 9	7 − 1	18 − 9	11 − 3	13 − 7	8 − 2	11 − 5	5 − 0	17 − 9	6 − 1
10 − 9	6 − 2	13 − 4	4 − 0	10 − 5	5 − 1	10 − 3	12 − 6	10 − 1	6 − 4
7 − 2	14 − 7	8 − 1	11 − 6	3 − 3	16 − 7	5 − 2	12 − 4	3 − 0	11 − 7
17 − 8	6 − 0	10 − 6	4 − 1	9 − 5	9 − 0	5 − 4	12 − 5	4 − 2	9 − 3
12 − 3	16 − 8	9 − 1	15 − 6	11 − 4	13 − 5	1 − 0	8 − 5	9 − 6	11 − 2
7 − 0	10 − 8	6 − 3	14 − 5	3 − 1	8 − 6	4 − 4	11 − 8	3 − 2	15 − 9
13 − 8	7 − 4	10 − 7	0 − 0	12 − 8	5 − 5	4 − 3	8 − 7	7 − 3	7 − 6
5 − 3	7 − 5	2 − 1	6 − 6	8 − 4	2 − 2	13 − 6	15 − 8	2 − 0	13 − 9
1 − 1	11 − 9	10 − 4	9 − 2	14 − 6	8 − 0	9 − 4	10 − 2	6 − 5	8 − 3
7 − 7	14 − 8	12 − 9	9 − 8	12 − 7	9 − 9	15 − 7	8 − 8	14 − 9	9 − 7

© Saxon Publishers, Inc., and Stephen Hake

Saxon Math 6/5

FACTS PRACTICE TEST

B   **100 Subtraction Facts**
For use with Lesson 10

Name _____

Time _____

Subtract.

16 − 9	7 − 1	18 − 9	11 − 3	13 − 7	8 − 2	11 − 5	5 − 0	17 − 9	6 − 1
10 − 9	6 − 2	13 − 4	4 − 0	10 − 5	5 − 1	10 − 3	12 − 6	10 − 1	6 − 4
7 − 2	14 − 7	8 − 1	11 − 6	3 − 3	16 − 7	5 − 2	12 − 4	3 − 0	11 − 7
17 − 8	6 − 0	10 − 6	4 − 1	9 − 5	9 − 0	5 − 4	12 − 5	4 − 2	9 − 3
12 − 3	16 − 8	9 − 1	15 − 6	11 − 4	13 − 5	1 − 0	8 − 5	9 − 6	11 − 2
7 − 0	10 − 8	6 − 3	14 − 5	3 − 1	8 − 6	4 − 4	11 − 8	3 − 2	15 − 9
13 − 8	7 − 4	10 − 7	0 − 0	12 − 8	5 − 5	4 − 3	8 − 7	7 − 3	7 − 6
5 − 3	7 − 5	2 − 1	6 − 6	8 − 4	2 − 2	13 − 6	15 − 8	2 − 0	13 − 9
1 − 1	11 − 9	10 − 4	9 − 2	14 − 6	8 − 0	9 − 4	10 − 2	6 − 5	8 − 3
7 − 7	14 − 8	12 − 9	9 − 8	12 − 7	9 − 9	15 − 7	8 − 8	14 − 9	9 − 7

© Saxon Publishers, Inc., and Stephen Hake

Saxon Math 6/5

FACTS PRACTICE TEST

A | **100 Addition Facts**
For use with Test 1

Name _____
Time _____

Add.

3 + 2	8 + 3	2 + 1	5 + 6	2 + 9	4 + 8	8 + 0	3 + 9	1 + 0	6 + 3
7 + 3	1 + 6	4 + 7	0 + 3	6 + 4	5 + 5	3 + 1	7 + 2	8 + 5	2 + 5
4 + 0	5 + 7	1 + 1	5 + 4	2 + 8	7 + 1	4 + 6	0 + 2	6 + 5	4 + 9
8 + 6	0 + 4	5 + 8	7 + 4	1 + 7	6 + 6	4 + 1	8 + 2	2 + 4	6 + 0
9 + 1	8 + 8	2 + 2	4 + 5	6 + 2	0 + 0	5 + 9	3 + 3	8 + 1	2 + 7
4 + 4	7 + 5	0 + 1	8 + 7	3 + 4	7 + 9	1 + 2	6 + 7	0 + 8	9 + 2
0 + 9	8 + 9	7 + 6	1 + 3	6 + 8	2 + 0	8 + 4	3 + 5	9 + 8	5 + 0
9 + 3	2 + 6	3 + 0	6 + 1	3 + 6	5 + 2	0 + 5	6 + 9	1 + 8	9 + 6
4 + 3	9 + 9	0 + 7	9 + 4	7 + 7	1 + 4	3 + 7	7 + 0	2 + 3	5 + 1
9 + 5	1 + 5	9 + 0	3 + 8	1 + 9	5 + 3	4 + 2	9 + 7	0 + 6	7 + 8

© Saxon Publishers, Inc., and Stephen Hake

Saxon Math 6/5

FACTS PRACTICE TEST

B — **100 Subtraction Facts**
For use with Lesson 11

Name _____
Time _____

Subtract.

16 − 9	7 − 1	18 − 9	11 − 3	13 − 7	8 − 2	11 − 5	5 − 0	17 − 9	6 − 1
10 − 9	6 − 2	13 − 4	4 − 0	10 − 5	5 − 1	10 − 3	12 − 6	10 − 1	6 − 4
7 − 2	14 − 7	8 − 1	11 − 6	3 − 3	16 − 7	5 − 2	12 − 4	3 − 0	11 − 7
17 − 8	6 − 0	10 − 6	4 − 1	9 − 5	9 − 0	5 − 4	12 − 5	4 − 2	9 − 3
12 − 3	16 − 8	9 − 1	15 − 6	11 − 4	13 − 5	1 − 0	8 − 5	9 − 6	11 − 2
7 − 0	10 − 8	6 − 3	14 − 5	3 − 1	8 − 6	4 − 4	11 − 8	3 − 2	15 − 9
13 − 8	7 − 4	10 − 7	0 − 0	12 − 8	5 − 5	4 − 3	8 − 7	7 − 3	7 − 6
5 − 3	7 − 5	2 − 1	6 − 6	8 − 4	2 − 2	13 − 6	15 − 8	2 − 0	13 − 9
1 − 1	11 − 9	10 − 4	9 − 2	14 − 6	8 − 0	9 − 4	10 − 2	6 − 5	8 − 3
7 − 7	14 − 8	12 − 9	9 − 8	12 − 7	9 − 9	15 − 7	8 − 8	14 − 9	9 − 7

Saxon Math 6/5

FACTS PRACTICE TEST

B **100 Subtraction Facts**
For use with Lesson 12

Name _____
Time _____

Subtract.

16 − 9	7 − 1	18 − 9	11 − 3	13 − 7	8 − 2	11 − 5	5 − 0	17 − 9	6 − 1
10 − 9	6 − 2	13 − 4	4 − 0	10 − 5	5 − 1	10 − 3	12 − 6	10 − 1	6 − 4
7 − 2	14 − 7	8 − 1	11 − 6	3 − 3	16 − 7	5 − 2	12 − 4	3 − 0	11 − 7
17 − 8	6 − 0	10 − 6	4 − 1	9 − 5	9 − 0	5 − 4	12 − 5	4 − 2	9 − 3
12 − 3	16 − 8	9 − 1	15 − 6	11 − 4	13 − 5	1 − 0	8 − 5	9 − 6	11 − 2
7 − 0	10 − 8	6 − 3	14 − 5	3 − 1	8 − 6	4 − 4	11 − 8	3 − 2	15 − 9
13 − 8	7 − 4	10 − 7	0 − 0	12 − 8	5 − 5	4 − 3	8 − 7	7 − 3	7 − 6
5 − 3	7 − 5	2 − 1	6 − 6	8 − 4	2 − 2	13 − 6	15 − 8	2 − 0	13 − 9
1 − 1	11 − 9	10 − 4	9 − 2	14 − 6	8 − 0	9 − 4	10 − 2	6 − 5	8 − 3
7 − 7	14 − 8	12 − 9	9 − 8	12 − 7	9 − 9	15 − 7	8 − 8	14 − 9	9 − 7

© Saxon Publishers, Inc., and Stephen Hake

Saxon Math 6/5

FACTS PRACTICE TEST

B — 100 Subtraction Facts
For use with Lesson 13

Name _____

Time _____

Subtract.

16 − 9	7 − 1	18 − 9	11 − 3	13 − 7	8 − 2	11 − 5	5 − 0	17 − 9	6 − 1
10 − 9	6 − 2	13 − 4	4 − 0	10 − 5	5 − 1	10 − 3	12 − 6	10 − 1	6 − 4
7 − 2	14 − 7	8 − 1	11 − 6	3 − 3	16 − 7	5 − 2	12 − 4	3 − 0	11 − 7
17 − 8	6 − 0	10 − 6	4 − 1	9 − 5	9 − 0	5 − 4	12 − 5	4 − 2	9 − 3
12 − 3	16 − 8	9 − 1	15 − 6	11 − 4	13 − 5	1 − 0	8 − 5	9 − 6	11 − 2
7 − 0	10 − 8	6 − 3	14 − 5	3 − 1	8 − 6	4 − 4	11 − 8	3 − 2	15 − 9
13 − 8	7 − 4	10 − 7	0 − 0	12 − 8	5 − 5	4 − 3	8 − 7	7 − 3	7 − 6
5 − 3	7 − 5	2 − 1	6 − 6	8 − 4	2 − 2	13 − 6	15 − 8	2 − 0	13 − 9
1 − 1	11 − 9	10 − 4	9 − 2	14 − 6	8 − 0	9 − 4	10 − 2	6 − 5	8 − 3
7 − 7	14 − 8	12 − 9	9 − 8	12 − 7	9 − 9	15 − 7	8 − 8	14 − 9	9 − 7

© Saxon Publishers, Inc., and Stephen Hake

Saxon Math 6/5

FACTS PRACTICE TEST

B **100 Subtraction Facts**
For use with Lesson 14

Name _____

Time _____

Subtract.

16 − 9	7 − 1	18 − 9	11 − 3	13 − 7	8 − 2	11 − 5	5 − 0	17 − 9	6 − 1
10 − 9	6 − 2	13 − 4	4 − 0	10 − 5	5 − 1	10 − 3	12 − 6	10 − 1	6 − 4
7 − 2	14 − 7	8 − 1	11 − 6	3 − 3	16 − 7	5 − 2	12 − 4	3 − 0	11 − 7
17 − 8	6 − 0	10 − 6	4 − 1	9 − 5	9 − 0	5 − 4	12 − 5	4 − 2	9 − 3
12 − 3	16 − 8	9 − 1	15 − 6	11 − 4	13 − 5	1 − 0	8 − 5	9 − 6	11 − 2
7 − 0	10 − 8	6 − 3	14 − 5	3 − 1	8 − 6	4 − 4	11 − 8	3 − 2	15 − 9
13 − 8	7 − 4	10 − 7	0 − 0	12 − 8	5 − 5	4 − 3	8 − 7	7 − 3	7 − 6
5 − 3	7 − 5	2 − 1	6 − 6	8 − 4	2 − 2	13 − 6	15 − 8	2 − 0	13 − 9
1 − 1	11 − 9	10 − 4	9 − 2	14 − 6	8 − 0	9 − 4	10 − 2	6 − 5	8 − 3
7 − 7	14 − 8	12 − 9	9 − 8	12 − 7	9 − 9	15 − 7	8 − 8	14 − 9	9 − 7

Saxon Math 6/5

FACTS PRACTICE TEST

B — **100 Subtraction Facts**
For use with Lesson 15

Name _____
Time _____

Subtract.

16 − 9	7 − 1	18 − 9	11 − 3	13 − 7	8 − 2	11 − 5	5 − 0	17 − 9	6 − 1
10 − 9	6 − 2	13 − 4	4 − 0	10 − 5	5 − 1	10 − 3	12 − 6	10 − 1	6 − 4
7 − 2	14 − 7	8 − 1	11 − 6	3 − 3	16 − 7	5 − 2	12 − 4	3 − 0	11 − 7
17 − 8	6 − 0	10 − 6	4 − 1	9 − 5	9 − 0	5 − 4	12 − 5	4 − 2	9 − 3
12 − 3	16 − 8	9 − 1	15 − 6	11 − 4	13 − 5	1 − 0	8 − 5	9 − 6	11 − 2
7 − 0	10 − 8	6 − 3	14 − 5	3 − 1	8 − 6	4 − 4	11 − 8	3 − 2	15 − 9
13 − 8	7 − 4	10 − 7	0 − 0	12 − 8	5 − 5	4 − 3	8 − 7	7 − 3	7 − 6
5 − 3	7 − 5	2 − 1	6 − 6	8 − 4	2 − 2	13 − 6	15 − 8	2 − 0	13 − 9
1 − 1	11 − 9	10 − 4	9 − 2	14 − 6	8 − 0	9 − 4	10 − 2	6 − 5	8 − 3
7 − 7	14 − 8	12 − 9	9 − 8	12 − 7	9 − 9	15 − 7	8 − 8	14 − 9	9 − 7

Saxon Math 6/5

FACTS PRACTICE TEST

B | **100 Subtraction Facts**
For use with Test 2

Name _____
Time _____

Subtract.

16 − 9	7 − 1	18 − 9	11 − 3	13 − 7	8 − 2	11 − 5	5 − 0	17 − 9	6 − 1
10 − 9	6 − 2	13 − 4	4 − 0	10 − 5	5 − 1	10 − 3	12 − 6	10 − 1	6 − 4
7 − 2	14 − 7	8 − 1	11 − 6	3 − 3	16 − 7	5 − 2	12 − 4	3 − 0	11 − 7
17 − 8	6 − 0	10 − 6	4 − 1	9 − 5	9 − 0	5 − 4	12 − 5	4 − 2	9 − 3
12 − 3	16 − 8	9 − 1	15 − 6	11 − 4	13 − 5	1 − 0	8 − 5	9 − 6	11 − 2
7 − 0	10 − 8	6 − 3	14 − 5	3 − 1	8 − 6	4 − 4	11 − 8	3 − 2	15 − 9
13 − 8	7 − 4	10 − 7	0 − 0	12 − 8	5 − 5	4 − 3	8 − 7	7 − 3	7 − 6
5 − 3	7 − 5	2 − 1	6 − 6	8 − 4	2 − 2	13 − 6	15 − 8	2 − 0	13 − 9
1 − 1	11 − 9	10 − 4	9 − 2	14 − 6	8 − 0	9 − 4	10 − 2	6 − 5	8 − 3
7 − 7	14 − 8	12 − 9	9 − 8	12 − 7	9 − 9	15 − 7	8 − 8	14 − 9	9 − 7

© Saxon Publishers, Inc., and Stephen Hake

Saxon Math 6/5

FACTS PRACTICE TEST

C — 100 Multiplication Facts
For use with Lesson 16

Name _____
Time _____

Multiply.

9 × 9	3 × 5	8 × 5	2 × 6	4 × 7	0 × 3	7 × 2	1 × 5	7 × 8	4 × 0
3 × 4	5 × 9	0 × 2	7 × 3	4 × 1	2 × 7	6 × 3	5 × 4	1 × 0	9 × 2
1 × 1	9 × 0	2 × 8	6 × 4	0 × 7	8 × 1	3 × 3	4 × 8	9 × 3	2 × 0
4 × 9	7 × 0	1 × 2	8 × 4	6 × 5	2 × 9	9 × 4	0 × 1	7 × 4	5 × 8
0 × 8	4 × 2	9 × 8	3 × 6	5 × 5	1 × 6	5 × 0	6 × 6	2 × 1	7 × 9
9 × 1	2 × 2	5 × 1	4 × 3	0 × 0	8 × 9	3 × 7	9 × 7	1 × 7	6 × 0
5 × 6	7 × 5	3 × 0	8 × 8	1 × 3	8 × 3	5 × 2	0 × 4	9 × 5	6 × 7
2 × 3	8 × 6	0 × 5	6 × 1	3 × 8	7 × 6	1 × 8	9 × 6	4 × 4	5 × 3
7 × 7	1 × 4	6 × 2	4 × 5	2 × 4	8 × 0	3 × 1	6 × 8	0 × 9	8 × 7
3 × 2	4 × 6	1 × 9	5 × 7	8 × 2	0 × 6	7 × 1	2 × 5	6 × 9	3 × 9

FACTS PRACTICE TEST

C — **100 Multiplication Facts**
For use with Lesson 17

Name _____
Time _____

Multiply.

9 × 9	3 × 5	8 × 5	2 × 6	4 × 7	0 × 3	7 × 2	1 × 5	7 × 8	4 × 0
3 × 4	5 × 9	0 × 2	7 × 3	4 × 1	2 × 7	6 × 3	5 × 4	1 × 0	9 × 2
1 × 1	9 × 0	2 × 8	6 × 4	0 × 7	8 × 1	3 × 3	4 × 8	9 × 3	2 × 0
4 × 9	7 × 0	1 × 2	8 × 4	6 × 5	2 × 9	9 × 4	0 × 1	7 × 4	5 × 8
0 × 8	4 × 2	9 × 8	3 × 6	5 × 5	1 × 6	5 × 0	6 × 6	2 × 1	7 × 9
9 × 1	2 × 2	5 × 1	4 × 3	0 × 0	8 × 9	3 × 7	9 × 7	1 × 7	6 × 0
5 × 6	7 × 5	3 × 0	8 × 8	1 × 3	8 × 3	5 × 2	0 × 4	9 × 5	6 × 7
2 × 3	8 × 6	0 × 5	6 × 1	3 × 8	7 × 6	1 × 8	9 × 6	4 × 4	5 × 3
7 × 7	1 × 4	6 × 2	4 × 5	2 × 4	8 × 0	3 × 1	6 × 8	0 × 9	8 × 7
3 × 2	4 × 6	1 × 9	5 × 7	8 × 2	0 × 6	7 × 1	2 × 5	6 × 9	3 × 9

© Saxon Publishers, Inc., and Stephen Hake

Saxon Math 6/5

FACTS PRACTICE TEST

C **100 Multiplication Facts**
For use with Lesson 18

Name _____

Time _____

Multiply.

9 × 9	3 × 5	8 × 5	2 × 6	4 × 7	0 × 3	7 × 2	1 × 5	7 × 8	4 × 0
3 × 4	5 × 9	0 × 2	7 × 3	4 × 1	2 × 7	6 × 3	5 × 4	1 × 0	9 × 2
1 × 1	9 × 0	2 × 8	6 × 4	0 × 7	8 × 1	3 × 3	4 × 8	9 × 3	2 × 0
4 × 9	7 × 0	1 × 2	8 × 4	6 × 5	2 × 9	9 × 4	0 × 1	7 × 4	5 × 8
0 × 8	4 × 2	9 × 8	3 × 6	5 × 5	1 × 6	5 × 0	6 × 6	2 × 1	7 × 9
9 × 1	2 × 2	5 × 1	4 × 3	0 × 0	8 × 9	3 × 7	9 × 7	1 × 7	6 × 0
5 × 6	7 × 5	3 × 0	8 × 8	1 × 3	8 × 3	5 × 2	0 × 4	9 × 5	6 × 7
2 × 3	8 × 6	0 × 5	6 × 1	3 × 8	7 × 6	1 × 8	9 × 6	4 × 4	5 × 3
7 × 7	1 × 4	6 × 2	4 × 5	2 × 4	8 × 0	3 × 1	6 × 8	0 × 9	8 × 7
3 × 2	4 × 6	1 × 9	5 × 7	8 × 2	0 × 6	7 × 1	2 × 5	6 × 9	3 × 9

Saxon Math 6/5

FACTS PRACTICE TEST

C — **100 Multiplication Facts**
For use with Lesson 19

Name _____
Time _____

Multiply.

9 × 9	3 × 5	8 × 5	2 × 6	4 × 7	0 × 3	7 × 2	1 × 5	7 × 8	4 × 0
3 × 4	5 × 9	0 × 2	7 × 3	4 × 1	2 × 7	6 × 3	5 × 4	1 × 0	9 × 2
1 × 1	9 × 0	2 × 8	6 × 4	0 × 7	8 × 1	3 × 3	4 × 8	9 × 3	2 × 0
4 × 9	7 × 0	1 × 2	8 × 4	6 × 5	2 × 9	9 × 4	0 × 1	7 × 4	5 × 8
0 × 8	4 × 2	9 × 8	3 × 6	5 × 5	1 × 6	5 × 0	6 × 6	2 × 1	7 × 9
9 × 1	2 × 2	5 × 1	4 × 3	0 × 0	8 × 9	3 × 7	9 × 7	1 × 7	6 × 0
5 × 6	7 × 5	3 × 0	8 × 8	1 × 3	8 × 3	5 × 2	0 × 4	9 × 5	6 × 7
2 × 3	8 × 6	0 × 5	6 × 1	3 × 8	7 × 6	1 × 8	9 × 6	4 × 4	5 × 3
7 × 7	1 × 4	6 × 2	4 × 5	2 × 4	8 × 0	3 × 1	6 × 8	0 × 9	8 × 7
3 × 2	4 × 6	1 × 9	5 × 7	8 × 2	0 × 6	7 × 1	2 × 5	6 × 9	3 × 9

© Saxon Publishers, Inc., and Stephen Hake

Saxon Math 6/5

FACTS PRACTICE TEST

C — 100 Multiplication Facts
For use with Test 3

Name _____

Time _____

Multiply.

9 × 9	3 × 5	8 × 5	2 × 6	4 × 7	0 × 3	7 × 2	1 × 5	7 × 8	4 × 0
3 × 4	5 × 9	0 × 2	7 × 3	4 × 1	2 × 7	6 × 3	5 × 4	1 × 0	9 × 2
1 × 1	9 × 0	2 × 8	6 × 4	0 × 7	8 × 1	3 × 3	4 × 8	9 × 3	2 × 0
4 × 9	7 × 0	1 × 2	8 × 4	6 × 5	2 × 9	9 × 4	0 × 1	7 × 4	5 × 8
0 × 8	4 × 2	9 × 8	3 × 6	5 × 5	1 × 6	5 × 0	6 × 6	2 × 1	7 × 9
9 × 1	2 × 2	5 × 1	4 × 3	0 × 0	8 × 9	3 × 7	9 × 7	1 × 7	6 × 0
5 × 6	7 × 5	3 × 0	8 × 8	1 × 3	8 × 3	5 × 2	0 × 4	9 × 5	6 × 7
2 × 3	8 × 6	0 × 5	6 × 1	3 × 8	7 × 6	1 × 8	9 × 6	4 × 4	5 × 3
7 × 7	1 × 4	6 × 2	4 × 5	2 × 4	8 × 0	3 × 1	6 × 8	0 × 9	8 × 7
3 × 2	4 × 6	1 × 9	5 × 7	8 × 2	0 × 6	7 × 1	2 × 5	6 × 9	3 × 9

© Saxon Publishers, Inc., and Stephen Hake

Saxon Math 6/5

FACTS PRACTICE TEST

F | **64 Multiplication Facts**
For use with Lesson 22

Name _____
Time _____

Multiply.

5 × 6	4 × 3	9 × 8	7 × 5	2 × 9	8 × 4	9 × 3	6 × 9
9 × 4	2 × 5	7 × 6	4 × 8	7 × 9	5 × 4	3 × 2	9 × 7
3 × 7	8 × 5	6 × 2	5 × 5	3 × 5	2 × 4	7 × 7	8 × 9
6 × 4	2 × 8	4 × 4	8 × 2	3 × 9	6 × 6	9 × 9	5 × 3
4 × 6	8 × 8	5 × 7	6 × 3	2 × 2	7 × 4	3 × 8	8 × 6
2 × 6	5 × 9	3 × 3	9 × 2	6 × 7	4 × 5	7 × 2	9 × 6
5 × 2	7 × 8	2 × 3	6 × 8	4 × 7	9 × 5	3 × 6	8 × 7
3 × 4	7 × 3	5 × 8	4 × 2	8 × 3	2 × 7	6 × 5	4 × 9

© Saxon Publishers, Inc., and Stephen Hake

Saxon Math 6/5

FACTS PRACTICE TEST

D — **90 Division Facts**
For use with Lesson 23

Name _____
Time _____

Divide.

7)21	2)10	6)42	1)3	4)24	3)6	9)54	6)18	4)0	5)30
4)32	8)56	1)0	6)12	3)18	9)72	5)15	2)8	7)42	6)36
6)0	5)10	9)9	2)6	7)63	4)16	8)48	1)2	5)35	3)21
2)18	6)6	3)15	8)40	2)0	5)20	9)27	1)8	4)4	7)35
4)20	9)63	1)4	7)14	3)3	8)24	5)0	6)24	8)8	2)16
5)5	8)64	3)0	4)28	7)49	2)4	9)81	3)12	6)30	1)5
8)32	1)1	9)36	3)27	2)14	5)25	6)48	8)0	7)28	4)36
2)12	5)45	1)7	4)8	7)0	8)16	3)24	9)45	1)9	6)54
7)56	9)0	8)72	2)2	5)40	3)9	9)18	1)6	4)12	7)7

© Saxon Publishers, Inc., and Stephen Hake

Saxon Math 6/5

FACTS PRACTICE TEST

F — **64 Multiplication Facts**
For use with Lesson 24

Name _____
Time _____

Multiply.

5 × 6	4 × 3	9 × 8	7 × 5	2 × 9	8 × 4	9 × 3	6 × 9
9 × 4	2 × 5	7 × 6	4 × 8	7 × 9	5 × 4	3 × 2	9 × 7
3 × 7	8 × 5	6 × 2	5 × 5	3 × 5	2 × 4	7 × 7	8 × 9
6 × 4	2 × 8	4 × 4	8 × 2	3 × 9	6 × 6	9 × 9	5 × 3
4 × 6	8 × 8	5 × 7	6 × 3	2 × 2	7 × 4	3 × 8	8 × 6
2 × 6	5 × 9	3 × 3	9 × 2	6 × 7	4 × 5	7 × 2	9 × 6
5 × 2	7 × 8	2 × 3	6 × 8	4 × 7	9 × 5	3 × 6	8 × 7
3 × 4	7 × 3	5 × 8	4 × 2	8 × 3	2 × 7	6 × 5	4 × 9

Saxon Math 6/5

FACTS PRACTICE TEST

E | **90 Division Facts**
For use with Lesson 25

Name _____

Time _____

Divide.

20 ÷ 4 =	21 ÷ 7 =	0 ÷ 2 =	27 ÷ 3 =	8 ÷ 1 =	54 ÷ 6 =
15 ÷ 5 =	6 ÷ 3 =	28 ÷ 4 =	18 ÷ 2 =	24 ÷ 6 =	9 ÷ 9 =
56 ÷ 8 =	0 ÷ 6 =	21 ÷ 3 =	1 ÷ 1 =	25 ÷ 5 =	12 ÷ 2 =
5 ÷ 1 =	45 ÷ 9 =	16 ÷ 4 =	30 ÷ 6 =	9 ÷ 3 =	14 ÷ 7 =
0 ÷ 8 =	6 ÷ 2 =	24 ÷ 8 =	10 ÷ 5 =	81 ÷ 9 =	24 ÷ 4 =
16 ÷ 2 =	30 ÷ 5 =	0 ÷ 1 =	28 ÷ 7 =	4 ÷ 4 =	40 ÷ 8 =
3 ÷ 3 =	18 ÷ 6 =	63 ÷ 9 =	40 ÷ 5 =	10 ÷ 2 =	36 ÷ 6 =
32 ÷ 8 =	12 ÷ 4 =	18 ÷ 3 =	35 ÷ 7 =	8 ÷ 8 =	2 ÷ 1 =
45 ÷ 5 =	7 ÷ 7 =	27 ÷ 9 =	9 ÷ 1 =	48 ÷ 6 =	0 ÷ 7 =
4 ÷ 1 =	0 ÷ 9 =	24 ÷ 3 =	32 ÷ 4 =	5 ÷ 5 =	72 ÷ 9 =
56 ÷ 7 =	15 ÷ 3 =	12 ÷ 6 =	8 ÷ 2 =	63 ÷ 7 =	0 ÷ 4 =
14 ÷ 2 =	42 ÷ 6 =	6 ÷ 1 =	16 ÷ 8 =	20 ÷ 5 =	49 ÷ 7 =
36 ÷ 4 =	64 ÷ 8 =	0 ÷ 3 =	54 ÷ 9 =	4 ÷ 2 =	48 ÷ 8 =
18 ÷ 9 =	3 ÷ 1 =	35 ÷ 5 =	8 ÷ 4 =	72 ÷ 8 =	6 ÷ 6 =
0 ÷ 5 =	42 ÷ 7 =	2 ÷ 2 =	36 ÷ 9 =	7 ÷ 1 =	12 ÷ 3 =

© Saxon Publishers, Inc., and Stephen Hake

Saxon Math 6/5

FACTS PRACTICE TEST

F | **64 Multiplication Facts**
For use with Test 4

Name _____

Time _____

Multiply.

5 × 6	4 × 3	9 × 8	7 × 5	2 × 9	8 × 4	9 × 3	6 × 9
9 × 4	2 × 5	7 × 6	4 × 8	7 × 9	5 × 4	3 × 2	9 × 7
3 × 7	8 × 5	6 × 2	5 × 5	3 × 5	2 × 4	7 × 7	8 × 9
6 × 4	2 × 8	4 × 4	8 × 2	3 × 9	6 × 6	9 × 9	5 × 3
4 × 6	8 × 8	5 × 7	6 × 3	2 × 2	7 × 4	3 × 8	8 × 6
2 × 6	5 × 9	3 × 3	9 × 2	6 × 7	4 × 5	7 × 2	9 × 6
5 × 2	7 × 8	2 × 3	6 × 8	4 × 7	9 × 5	3 × 6	8 × 7
3 × 4	7 × 3	5 × 8	4 × 2	8 × 3	2 × 7	6 × 5	4 × 9

Saxon Math 6/5

FACTS PRACTICE TEST

F | **64 Multiplication Facts**
For use with Lesson 26

Name _____
Time _____

Multiply.

5 × 6	4 × 3	9 × 8	7 × 5	2 × 9	8 × 4	9 × 3	6 × 9
9 × 4	2 × 5	7 × 6	4 × 8	7 × 9	5 × 4	3 × 2	9 × 7
3 × 7	8 × 5	6 × 2	5 × 5	3 × 5	2 × 4	7 × 7	8 × 9
6 × 4	2 × 8	4 × 4	8 × 2	3 × 9	6 × 6	9 × 9	5 × 3
4 × 6	8 × 8	5 × 7	6 × 3	2 × 2	7 × 4	3 × 8	8 × 6
2 × 6	5 × 9	3 × 3	9 × 2	6 × 7	4 × 5	7 × 2	9 × 6
5 × 2	7 × 8	2 × 3	6 × 8	4 × 7	9 × 5	3 × 6	8 × 7
3 × 4	7 × 3	5 × 8	4 × 2	8 × 3	2 × 7	6 × 5	4 × 9

© Saxon Publishers, Inc., and Stephen Hake

Saxon Math 6/5

FACTS PRACTICE TEST

F — **64 Multiplication Facts**
For use with Lesson 27

Name _____
Time _____

Multiply.

5 × 6	4 × 3	9 × 8	7 × 5	2 × 9	8 × 4	9 × 3	6 × 9
9 × 4	2 × 5	7 × 6	4 × 8	7 × 9	5 × 4	3 × 2	9 × 7
3 × 7	8 × 5	6 × 2	5 × 5	3 × 5	2 × 4	7 × 7	8 × 9
6 × 4	2 × 8	4 × 4	8 × 2	3 × 9	6 × 6	9 × 9	5 × 3
4 × 6	8 × 8	5 × 7	6 × 3	2 × 2	7 × 4	3 × 8	8 × 6
2 × 6	5 × 9	3 × 3	9 × 2	6 × 7	4 × 5	7 × 2	9 × 6
5 × 2	7 × 8	2 × 3	6 × 8	4 × 7	9 × 5	3 × 6	8 × 7
3 × 4	7 × 3	5 × 8	4 × 2	8 × 3	2 × 7	6 × 5	4 × 9

Saxon Math 6/5

FACTS PRACTICE TEST

D 90 Division Facts
For use with Lesson 28

Name _____

Time _____

Divide.

7)21	2)10	6)42	1)3	4)24	3)6	9)54	6)18	4)0	5)30
4)32	8)56	1)0	6)12	3)18	9)72	5)15	2)8	7)42	6)36
6)0	5)10	9)9	2)6	7)63	4)16	8)48	1)2	5)35	3)21
2)18	6)6	3)15	8)40	2)0	5)20	9)27	1)8	4)4	7)35
4)20	9)63	1)4	7)14	3)3	8)24	5)0	6)24	8)8	2)16
5)5	8)64	3)0	4)28	7)49	2)4	9)81	3)12	6)30	1)5
8)32	1)1	9)36	3)27	2)14	5)25	6)48	8)0	7)28	4)36
2)12	5)45	1)7	4)8	7)0	8)16	3)24	9)45	1)9	6)54
7)56	9)0	8)72	2)2	5)40	3)9	9)18	1)6	4)12	7)7

© Saxon Publishers, Inc., and Stephen Hake

Saxon Math 6/5

FACTS PRACTICE TEST

F — **64 Multiplication Facts**
For use with Lesson 29

Name _____
Time _____

Multiply.

5 × 6	4 × 3	9 × 8	7 × 5	2 × 9	8 × 4	9 × 3	6 × 9
9 × 4	2 × 5	7 × 6	4 × 8	7 × 9	5 × 4	3 × 2	9 × 7
3 × 7	8 × 5	6 × 2	5 × 5	3 × 5	2 × 4	7 × 7	8 × 9
6 × 4	2 × 8	4 × 4	8 × 2	3 × 9	6 × 6	9 × 9	5 × 3
4 × 6	8 × 8	5 × 7	6 × 3	2 × 2	7 × 4	3 × 8	8 × 6
2 × 6	5 × 9	3 × 3	9 × 2	6 × 7	4 × 5	7 × 2	9 × 6
5 × 2	7 × 8	2 × 3	6 × 8	4 × 7	9 × 5	3 × 6	8 × 7
3 × 4	7 × 3	5 × 8	4 × 2	8 × 3	2 × 7	6 × 5	4 × 9

Saxon Math 6/5

FACTS PRACTICE TEST

E **90 Division Facts**
For use with Lesson 30

Name _____

Time _____

Divide.

20 ÷ 4 =	21 ÷ 7 =	0 ÷ 2 =	27 ÷ 3 =	8 ÷ 1 =	54 ÷ 6 =
15 ÷ 5 =	6 ÷ 3 =	28 ÷ 4 =	18 ÷ 2 =	24 ÷ 6 =	9 ÷ 9 =
56 ÷ 8 =	0 ÷ 6 =	21 ÷ 3 =	1 ÷ 1 =	25 ÷ 5 =	12 ÷ 2 =
5 ÷ 1 =	45 ÷ 9 =	16 ÷ 4 =	30 ÷ 6 =	9 ÷ 3 =	14 ÷ 7 =
0 ÷ 8 =	6 ÷ 2 =	24 ÷ 8 =	10 ÷ 5 =	81 ÷ 9 =	24 ÷ 4 =
16 ÷ 2 =	30 ÷ 5 =	0 ÷ 1 =	28 ÷ 7 =	4 ÷ 4 =	40 ÷ 8 =
3 ÷ 3 =	18 ÷ 6 =	63 ÷ 9 =	40 ÷ 5 =	10 ÷ 2 =	36 ÷ 6 =
32 ÷ 8 =	12 ÷ 4 =	18 ÷ 3 =	35 ÷ 7 =	8 ÷ 8 =	2 ÷ 1 =
45 ÷ 5 =	7 ÷ 7 =	27 ÷ 9 =	9 ÷ 1 =	48 ÷ 6 =	0 ÷ 7 =
4 ÷ 1 =	0 ÷ 9 =	24 ÷ 3 =	32 ÷ 4 =	5 ÷ 5 =	72 ÷ 9 =
56 ÷ 7 =	15 ÷ 3 =	12 ÷ 6 =	8 ÷ 2 =	63 ÷ 7 =	0 ÷ 4 =
14 ÷ 2 =	42 ÷ 6 =	6 ÷ 1 =	16 ÷ 8 =	20 ÷ 5 =	49 ÷ 7 =
36 ÷ 4 =	64 ÷ 8 =	0 ÷ 3 =	54 ÷ 9 =	4 ÷ 2 =	48 ÷ 8 =
18 ÷ 9 =	3 ÷ 1 =	35 ÷ 5 =	8 ÷ 4 =	72 ÷ 8 =	6 ÷ 6 =
0 ÷ 5 =	42 ÷ 7 =	2 ÷ 2 =	36 ÷ 9 =	7 ÷ 1 =	12 ÷ 3 =

Saxon Math 6/5

FACTS PRACTICE TEST

F | **64 Multiplication Facts**
For use with Test 5

Name _____

Time _____

Multiply.

5 × 6	4 × 3	9 × 8	7 × 5	2 × 9	8 × 4	9 × 3	6 × 9
9 × 4	2 × 5	7 × 6	4 × 8	7 × 9	5 × 4	3 × 2	9 × 7
3 × 7	8 × 5	6 × 2	5 × 5	3 × 5	2 × 4	7 × 7	8 × 9
6 × 4	2 × 8	4 × 4	8 × 2	3 × 9	6 × 6	9 × 9	5 × 3
4 × 6	8 × 8	5 × 7	6 × 3	2 × 2	7 × 4	3 × 8	8 × 6
2 × 6	5 × 9	3 × 3	9 × 2	6 × 7	4 × 5	7 × 2	9 × 6
5 × 2	7 × 8	2 × 3	6 × 8	4 × 7	9 × 5	3 × 6	8 × 7
3 × 4	7 × 3	5 × 8	4 × 2	8 × 3	2 × 7	6 × 5	4 × 9

© Saxon Publishers, Inc., and Stephen Hake

Saxon Math 6/5

FACTS PRACTICE TEST

F | **64 Multiplication Facts**
For use with Lesson 31

Name _____
Time _____

Multiply.

5 × 6	4 × 3	9 × 8	7 × 5	2 × 9	8 × 4	9 × 3	6 × 9
9 × 4	2 × 5	7 × 6	4 × 8	7 × 9	5 × 4	3 × 2	9 × 7
3 × 7	8 × 5	6 × 2	5 × 5	3 × 5	2 × 4	7 × 7	8 × 9
6 × 4	2 × 8	4 × 4	8 × 2	3 × 9	6 × 6	9 × 9	5 × 3
4 × 6	8 × 8	5 × 7	6 × 3	2 × 2	7 × 4	3 × 8	8 × 6
2 × 6	5 × 9	3 × 3	9 × 2	6 × 7	4 × 5	7 × 2	9 × 6
5 × 2	7 × 8	2 × 3	6 × 8	4 × 7	9 × 5	3 × 6	8 × 7
3 × 4	7 × 3	5 × 8	4 × 2	8 × 3	2 × 7	6 × 5	4 × 9

© Saxon Publishers, Inc., and Stephen Hake

Saxon Math 6/5

FACTS PRACTICE TEST

D **90 Division Facts**
For use with Lesson 32

Name _____
Time _____

Divide.

7)21	2)10	6)42	1)3	4)24	3)6	9)54	6)18	4)0	5)30
4)32	8)56	1)0	6)12	3)18	9)72	5)15	2)8	7)42	6)36
6)0	5)10	9)9	2)6	7)63	4)16	8)48	1)2	5)35	3)21
2)18	6)6	3)15	8)40	2)0	5)20	9)27	1)8	4)4	7)35
4)20	9)63	1)4	7)14	3)3	8)24	5)0	6)24	8)8	2)16
5)5	8)64	3)0	4)28	7)49	2)4	9)81	3)12	6)30	1)5
8)32	1)1	9)36	3)27	2)14	5)25	6)48	8)0	7)28	4)36
2)12	5)45	1)7	4)8	7)0	8)16	3)24	9)45	1)9	6)54
7)56	9)0	8)72	2)2	5)40	3)9	9)18	1)6	4)12	7)7

© Saxon Publishers, Inc., and Stephen Hake

Saxon Math 6/5

FACTS PRACTICE TEST

F — **64 Multiplication Facts**
For use with Lesson 33

Name _____
Time _____

Multiply.

5 × 6	4 × 3	9 × 8	7 × 5	2 × 9	8 × 4	9 × 3	6 × 9
9 × 4	2 × 5	7 × 6	4 × 8	7 × 9	5 × 4	3 × 2	9 × 7
3 × 7	8 × 5	6 × 2	5 × 5	3 × 5	2 × 4	7 × 7	8 × 9
6 × 4	2 × 8	4 × 4	8 × 2	3 × 9	6 × 6	9 × 9	5 × 3
4 × 6	8 × 8	5 × 7	6 × 3	2 × 2	7 × 4	3 × 8	8 × 6
2 × 6	5 × 9	3 × 3	9 × 2	6 × 7	4 × 5	7 × 2	9 × 6
5 × 2	7 × 8	2 × 3	6 × 8	4 × 7	9 × 5	3 × 6	8 × 7
3 × 4	7 × 3	5 × 8	4 × 2	8 × 3	2 × 7	6 × 5	4 × 9

Saxon Math 6/5

FACTS PRACTICE TEST

E | **90 Division Facts**
For use with Lesson 34

Name _____

Time _____

Divide.

20 ÷ 4 =	21 ÷ 7 =	0 ÷ 2 =	27 ÷ 3 =	8 ÷ 1 =	54 ÷ 6 =
15 ÷ 5 =	6 ÷ 3 =	28 ÷ 4 =	18 ÷ 2 =	24 ÷ 6 =	9 ÷ 9 =
56 ÷ 8 =	0 ÷ 6 =	21 ÷ 3 =	1 ÷ 1 =	25 ÷ 5 =	12 ÷ 2 =
5 ÷ 1 =	45 ÷ 9 =	16 ÷ 4 =	30 ÷ 6 =	9 ÷ 3 =	14 ÷ 7 =
0 ÷ 8 =	6 ÷ 2 =	24 ÷ 8 =	10 ÷ 5 =	81 ÷ 9 =	24 ÷ 4 =
16 ÷ 2 =	30 ÷ 5 =	0 ÷ 1 =	28 ÷ 7 =	4 ÷ 4 =	40 ÷ 8 =
3 ÷ 3 =	18 ÷ 6 =	63 ÷ 9 =	40 ÷ 5 =	10 ÷ 2 =	36 ÷ 6 =
32 ÷ 8 =	12 ÷ 4 =	18 ÷ 3 =	35 ÷ 7 =	8 ÷ 8 =	2 ÷ 1 =
45 ÷ 5 =	7 ÷ 7 =	27 ÷ 9 =	9 ÷ 1 =	48 ÷ 6 =	0 ÷ 7 =
4 ÷ 1 =	0 ÷ 9 =	24 ÷ 3 =	32 ÷ 4 =	5 ÷ 5 =	72 ÷ 9 =
56 ÷ 7 =	15 ÷ 3 =	12 ÷ 6 =	8 ÷ 2 =	63 ÷ 7 =	0 ÷ 4 =
14 ÷ 2 =	42 ÷ 6 =	6 ÷ 1 =	16 ÷ 8 =	20 ÷ 5 =	49 ÷ 7 =
36 ÷ 4 =	64 ÷ 8 =	0 ÷ 3 =	54 ÷ 9 =	4 ÷ 2 =	48 ÷ 8 =
18 ÷ 9 =	3 ÷ 1 =	35 ÷ 5 =	8 ÷ 4 =	72 ÷ 8 =	6 ÷ 6 =
0 ÷ 5 =	42 ÷ 7 =	2 ÷ 2 =	36 ÷ 9 =	7 ÷ 1 =	12 ÷ 3 =

© Saxon Publishers, Inc., and Stephen Hake

Saxon Math 6/5

FACTS PRACTICE TEST

F | **64 Multiplication Facts**
For use with Lesson 35

Name _____
Time _____

Multiply.

5 × 6	4 × 3	9 × 8	7 × 5	2 × 9	8 × 4	9 × 3	6 × 9
9 × 4	2 × 5	7 × 6	4 × 8	7 × 9	5 × 4	3 × 2	9 × 7
3 × 7	8 × 5	6 × 2	5 × 5	3 × 5	2 × 4	7 × 7	8 × 9
6 × 4	2 × 8	4 × 4	8 × 2	3 × 9	6 × 6	9 × 9	5 × 3
4 × 6	8 × 8	5 × 7	6 × 3	2 × 2	7 × 4	3 × 8	8 × 6
2 × 6	5 × 9	3 × 3	9 × 2	6 × 7	4 × 5	7 × 2	9 × 6
5 × 2	7 × 8	2 × 3	6 × 8	4 × 7	9 × 5	3 × 6	8 × 7
3 × 4	7 × 3	5 × 8	4 × 2	8 × 3	2 × 7	6 × 5	4 × 9

Saxon Math 6/5

FACTS PRACTICE TEST

D | **90 Division Facts**
For use with Test 6

Name _____

Time _____

Divide.

7)21	2)10	6)42	1)3	4)24	3)6	9)54	6)18	4)0	5)30
4)32	8)56	1)0	6)12	3)18	9)72	5)15	2)8	7)42	6)36
6)0	5)10	9)9	2)6	7)63	4)16	8)48	1)2	5)35	3)21
2)18	6)6	3)15	8)40	2)0	5)20	9)27	1)8	4)4	7)35
4)20	9)63	1)4	7)14	3)3	8)24	5)0	6)24	8)8	2)16
5)5	8)64	3)0	4)28	7)49	2)4	9)81	3)12	6)30	1)5
8)32	1)1	9)36	3)27	2)14	5)25	6)48	8)0	7)28	4)36
2)12	5)45	1)7	4)8	7)0	8)16	3)24	9)45	1)9	6)54
7)56	9)0	8)72	2)2	5)40	3)9	9)18	1)6	4)12	7)7

© Saxon Publishers, Inc., and Stephen Hake

Saxon Math 6/5

FACTS PRACTICE TEST

D — **90 Division Facts**
For use with Lesson 36

Name _____

Time _____

Divide.

7)21	2)10	6)42	1)3	4)24	3)6	9)54	6)18	4)0	5)30
4)32	8)56	1)0	6)12	3)18	9)72	5)15	2)8	7)42	6)36
6)0	5)10	9)9	2)6	7)63	4)16	8)48	1)2	5)35	3)21
2)18	6)6	3)15	8)40	2)0	5)20	9)27	1)8	4)4	7)35
4)20	9)63	1)4	7)14	3)3	8)24	5)0	6)24	8)8	2)16
5)5	8)64	3)0	4)28	7)49	2)4	9)81	3)12	6)30	1)5
8)32	1)1	9)36	3)27	2)14	5)25	6)48	8)0	7)28	4)36
2)12	5)45	1)7	4)8	7)0	8)16	3)24	9)45	1)9	6)54
7)56	9)0	8)72	2)2	5)40	3)9	9)18	1)6	4)12	7)7

Saxon Math 6/5

FACTS PRACTICE TEST

F | **64 Multiplication Facts**
For use with Lesson 37

Name _____
Time _____

Multiply.

5 × 6	4 × 3	9 × 8	7 × 5	2 × 9	8 × 4	9 × 3	6 × 9
9 × 4	2 × 5	7 × 6	4 × 8	7 × 9	5 × 4	3 × 2	9 × 7
3 × 7	8 × 5	6 × 2	5 × 5	3 × 5	2 × 4	7 × 7	8 × 9
6 × 4	2 × 8	4 × 4	8 × 2	3 × 9	6 × 6	9 × 9	5 × 3
4 × 6	8 × 8	5 × 7	6 × 3	2 × 2	7 × 4	3 × 8	8 × 6
2 × 6	5 × 9	3 × 3	9 × 2	6 × 7	4 × 5	7 × 2	9 × 6
5 × 2	7 × 8	2 × 3	6 × 8	4 × 7	9 × 5	3 × 6	8 × 7
3 × 4	7 × 3	5 × 8	4 × 2	8 × 3	2 × 7	6 × 5	4 × 9

© Saxon Publishers, Inc., and Stephen Hake

Saxon Math 6/5

FACTS PRACTICE TEST

E **90 Division Facts**
For use with Lesson 38

Name _____

Time _____

Divide.

20 ÷ 4 =	21 ÷ 7 =	0 ÷ 2 =	27 ÷ 3 =	8 ÷ 1 =	54 ÷ 6 =
15 ÷ 5 =	6 ÷ 3 =	28 ÷ 4 =	18 ÷ 2 =	24 ÷ 6 =	9 ÷ 9 =
56 ÷ 8 =	0 ÷ 6 =	21 ÷ 3 =	1 ÷ 1 =	25 ÷ 5 =	12 ÷ 2 =
5 ÷ 1 =	45 ÷ 9 =	16 ÷ 4 =	30 ÷ 6 =	9 ÷ 3 =	14 ÷ 7 =
0 ÷ 8 =	6 ÷ 2 =	24 ÷ 8 =	10 ÷ 5 =	81 ÷ 9 =	24 ÷ 4 =
16 ÷ 2 =	30 ÷ 5 =	0 ÷ 1 =	28 ÷ 7 =	4 ÷ 4 =	40 ÷ 8 =
3 ÷ 3 =	18 ÷ 6 =	63 ÷ 9 =	40 ÷ 5 =	10 ÷ 2 =	36 ÷ 6 =
32 ÷ 8 =	12 ÷ 4 =	18 ÷ 3 =	35 ÷ 7 =	8 ÷ 8 =	2 ÷ 1 =
45 ÷ 5 =	7 ÷ 7 =	27 ÷ 9 =	9 ÷ 1 =	48 ÷ 6 =	0 ÷ 7 =
4 ÷ 1 =	0 ÷ 9 =	24 ÷ 3 =	32 ÷ 4 =	5 ÷ 5 =	72 ÷ 9 =
56 ÷ 7 =	15 ÷ 3 =	12 ÷ 6 =	8 ÷ 2 =	63 ÷ 7 =	0 ÷ 4 =
14 ÷ 2 =	42 ÷ 6 =	6 ÷ 1 =	16 ÷ 8 =	20 ÷ 5 =	49 ÷ 7 =
36 ÷ 4 =	64 ÷ 8 =	0 ÷ 3 =	54 ÷ 9 =	4 ÷ 2 =	48 ÷ 8 =
18 ÷ 9 =	3 ÷ 1 =	35 ÷ 5 =	8 ÷ 4 =	72 ÷ 8 =	6 ÷ 6 =
0 ÷ 5 =	42 ÷ 7 =	2 ÷ 2 =	36 ÷ 9 =	7 ÷ 1 =	12 ÷ 3 =

© Saxon Publishers, Inc., and Stephen Hake

Saxon Math 6/5

FACTS PRACTICE TEST

F — **64 Multiplication Facts**
For use with Lesson 39

Name _____
Time _____

Multiply.

5 × 6	4 × 3	9 × 8	7 × 5	2 × 9	8 × 4	9 × 3	6 × 9
9 × 4	2 × 5	7 × 6	4 × 8	7 × 9	5 × 4	3 × 2	9 × 7
3 × 7	8 × 5	6 × 2	5 × 5	3 × 5	2 × 4	7 × 7	8 × 9
6 × 4	2 × 8	4 × 4	8 × 2	3 × 9	6 × 6	9 × 9	5 × 3
4 × 6	8 × 8	5 × 7	6 × 3	2 × 2	7 × 4	3 × 8	8 × 6
2 × 6	5 × 9	3 × 3	9 × 2	6 × 7	4 × 5	7 × 2	9 × 6
5 × 2	7 × 8	2 × 3	6 × 8	4 × 7	9 × 5	3 × 6	8 × 7
3 × 4	7 × 3	5 × 8	4 × 2	8 × 3	2 × 7	6 × 5	4 × 9

Saxon Math 6/5

FACTS PRACTICE TEST

D **90 Division Facts**
For use with Lesson 40

Name _____
Time _____

Divide.

7)21	2)10	6)42	1)3	4)24	3)6	9)54	6)18	4)0	5)30
4)32	8)56	1)0	6)12	3)18	9)72	5)15	2)8	7)42	6)36
6)0	5)10	9)9	2)6	7)63	4)16	8)48	1)2	5)35	3)21
2)18	6)6	3)15	8)40	2)0	5)20	9)27	1)8	4)4	7)35
4)20	9)63	1)4	7)14	3)3	8)24	5)0	6)24	8)8	2)16
5)5	8)64	3)0	4)28	7)49	2)4	9)81	3)12	6)30	1)5
8)32	1)1	9)36	3)27	2)14	5)25	6)48	8)0	7)28	4)36
2)12	5)45	1)7	4)8	7)0	8)16	3)24	9)45	1)9	6)54
7)56	9)0	8)72	2)2	5)40	3)9	9)18	1)6	4)12	7)7

© Saxon Publishers, Inc., and Stephen Hake

Saxon Math 6/5

FACTS PRACTICE TEST

E — 90 Division Facts
For use with Test 7

Name _____

Time _____

Divide.

20 ÷ 4 =	21 ÷ 7 =	0 ÷ 2 =	27 ÷ 3 =	8 ÷ 1 =	54 ÷ 6 =
15 ÷ 5 =	6 ÷ 3 =	28 ÷ 4 =	18 ÷ 2 =	24 ÷ 6 =	9 ÷ 9 =
56 ÷ 8 =	0 ÷ 6 =	21 ÷ 3 =	1 ÷ 1 =	25 ÷ 5 =	12 ÷ 2 =
5 ÷ 1 =	45 ÷ 9 =	16 ÷ 4 =	30 ÷ 6 =	9 ÷ 3 =	14 ÷ 7 =
0 ÷ 8 =	6 ÷ 2 =	24 ÷ 8 =	10 ÷ 5 =	81 ÷ 9 =	24 ÷ 4 =
16 ÷ 2 =	30 ÷ 5 =	0 ÷ 1 =	28 ÷ 7 =	4 ÷ 4 =	40 ÷ 8 =
3 ÷ 3 =	18 ÷ 6 =	63 ÷ 9 =	40 ÷ 5 =	10 ÷ 2 =	36 ÷ 6 =
32 ÷ 8 =	12 ÷ 4 =	18 ÷ 3 =	35 ÷ 7 =	8 ÷ 8 =	2 ÷ 1 =
45 ÷ 5 =	7 ÷ 7 =	27 ÷ 9 =	9 ÷ 1 =	48 ÷ 6 =	0 ÷ 7 =
4 ÷ 1 =	0 ÷ 9 =	24 ÷ 3 =	32 ÷ 4 =	5 ÷ 5 =	72 ÷ 9 =
56 ÷ 7 =	15 ÷ 3 =	12 ÷ 6 =	8 ÷ 2 =	63 ÷ 7 =	0 ÷ 4 =
14 ÷ 2 =	42 ÷ 6 =	6 ÷ 1 =	16 ÷ 8 =	20 ÷ 5 =	49 ÷ 7 =
36 ÷ 4 =	64 ÷ 8 =	0 ÷ 3 =	54 ÷ 9 =	4 ÷ 2 =	48 ÷ 8 =
18 ÷ 9 =	3 ÷ 1 =	35 ÷ 5 =	8 ÷ 4 =	72 ÷ 8 =	6 ÷ 6 =
0 ÷ 5 =	42 ÷ 7 =	2 ÷ 2 =	36 ÷ 9 =	7 ÷ 1 =	12 ÷ 3 =

Saxon Math 6/5

FACTS PRACTICE TEST

F | **64 Multiplication Facts**
For use with Lesson 41

Name _____
Time _____

Multiply.

5 × 6	4 × 3	9 × 8	7 × 5	2 × 9	8 × 4	9 × 3	6 × 9
9 × 4	2 × 5	7 × 6	4 × 8	7 × 9	5 × 4	3 × 2	9 × 7
3 × 7	8 × 5	6 × 2	5 × 5	3 × 5	2 × 4	7 × 7	8 × 9
6 × 4	2 × 8	4 × 4	8 × 2	3 × 9	6 × 6	9 × 9	5 × 3
4 × 6	8 × 8	5 × 7	6 × 3	2 × 2	7 × 4	3 × 8	8 × 6
2 × 6	5 × 9	3 × 3	9 × 2	6 × 7	4 × 5	7 × 2	9 × 6
5 × 2	7 × 8	2 × 3	6 × 8	4 × 7	9 × 5	3 × 6	8 × 7
3 × 4	7 × 3	5 × 8	4 × 2	8 × 3	2 × 7	6 × 5	4 × 9

Saxon Math 6/5

FACTS PRACTICE TEST

E | **90 Division Facts**
For use with Lesson 42

Name _____
Time _____

Divide.

20 ÷ 4 =	21 ÷ 7 =	0 ÷ 2 =	27 ÷ 3 =	8 ÷ 1 =	54 ÷ 6 =
15 ÷ 5 =	6 ÷ 3 =	28 ÷ 4 =	18 ÷ 2 =	24 ÷ 6 =	9 ÷ 9 =
56 ÷ 8 =	0 ÷ 6 =	21 ÷ 3 =	1 ÷ 1 =	25 ÷ 5 =	12 ÷ 2 =
5 ÷ 1 =	45 ÷ 9 =	16 ÷ 4 =	30 ÷ 6 =	9 ÷ 3 =	14 ÷ 7 =
0 ÷ 8 =	6 ÷ 2 =	24 ÷ 8 =	10 ÷ 5 =	81 ÷ 9 =	24 ÷ 4 =
16 ÷ 2 =	30 ÷ 5 =	0 ÷ 1 =	28 ÷ 7 =	4 ÷ 4 =	40 ÷ 8 =
3 ÷ 3 =	18 ÷ 6 =	63 ÷ 9 =	40 ÷ 5 =	10 ÷ 2 =	36 ÷ 6 =
32 ÷ 8 =	12 ÷ 4 =	18 ÷ 3 =	35 ÷ 7 =	8 ÷ 8 =	2 ÷ 1 =
45 ÷ 5 =	7 ÷ 7 =	27 ÷ 9 =	9 ÷ 1 =	48 ÷ 6 =	0 ÷ 7 =
4 ÷ 1 =	0 ÷ 9 =	24 ÷ 3 =	32 ÷ 4 =	5 ÷ 5 =	72 ÷ 9 =
56 ÷ 7 =	15 ÷ 3 =	12 ÷ 6 =	8 ÷ 2 =	63 ÷ 7 =	0 ÷ 4 =
14 ÷ 2 =	42 ÷ 6 =	6 ÷ 1 =	16 ÷ 8 =	20 ÷ 5 =	49 ÷ 7 =
36 ÷ 4 =	64 ÷ 8 =	0 ÷ 3 =	54 ÷ 9 =	4 ÷ 2 =	48 ÷ 8 =
18 ÷ 9 =	3 ÷ 1 =	35 ÷ 5 =	8 ÷ 4 =	72 ÷ 8 =	6 ÷ 6 =
0 ÷ 5 =	42 ÷ 7 =	2 ÷ 2 =	36 ÷ 9 =	7 ÷ 1 =	12 ÷ 3 =

Saxon Math 6/5

FACTS PRACTICE TEST

D — 90 Division Facts
For use with Lesson 43

Name _____

Time _____

Divide.

7)21	2)10	6)42	1)3	4)24	3)6	9)54	6)18	4)0	5)30
4)32	8)56	1)0	6)12	3)18	9)72	5)15	2)8	7)42	6)36
6)0	5)10	9)9	2)6	7)63	4)16	8)48	1)2	5)35	3)21
2)18	6)6	3)15	8)40	2)0	5)20	9)27	1)8	4)4	7)35
4)20	9)63	1)4	7)14	3)3	8)24	5)0	6)24	8)8	2)16
5)5	8)64	3)0	4)28	7)49	2)4	9)81	3)12	6)30	1)5
8)32	1)1	9)36	3)27	2)14	5)25	6)48	8)0	7)28	4)36
2)12	5)45	1)7	4)8	7)0	8)16	3)24	9)45	1)9	6)54
7)56	9)0	8)72	2)2	5)40	3)9	9)18	1)6	4)12	7)7

Saxon Math 6/5

FACTS PRACTICE TEST

F | **64 Multiplication Facts**
For use with Lesson 44

Name _____

Time _____

Multiply.

5 × 6	4 × 3	9 × 8	7 × 5	2 × 9	8 × 4	9 × 3	6 × 9
9 × 4	2 × 5	7 × 6	4 × 8	7 × 9	5 × 4	3 × 2	9 × 7
3 × 7	8 × 5	6 × 2	5 × 5	3 × 5	2 × 4	7 × 7	8 × 9
6 × 4	2 × 8	4 × 4	8 × 2	3 × 9	6 × 6	9 × 9	5 × 3
4 × 6	8 × 8	5 × 7	6 × 3	2 × 2	7 × 4	3 × 8	8 × 6
2 × 6	5 × 9	3 × 3	9 × 2	6 × 7	4 × 5	7 × 2	9 × 6
5 × 2	7 × 8	2 × 3	6 × 8	4 × 7	9 × 5	3 × 6	8 × 7
3 × 4	7 × 3	5 × 8	4 × 2	8 × 3	2 × 7	6 × 5	4 × 9

© Saxon Publishers, Inc., and Stephen Hake

Saxon Math 6/5

FACTS PRACTICE TEST

E | **90 Division Facts**
For use with Lesson 45

Name _____

Time _____

Divide.

20 ÷ 4 =	21 ÷ 7 =	0 ÷ 2 =	27 ÷ 3 =	8 ÷ 1 =	54 ÷ 6 =
15 ÷ 5 =	6 ÷ 3 =	28 ÷ 4 =	18 ÷ 2 =	24 ÷ 6 =	9 ÷ 9 =
56 ÷ 8 =	0 ÷ 6 =	21 ÷ 3 =	1 ÷ 1 =	25 ÷ 5 =	12 ÷ 2 =
5 ÷ 1 =	45 ÷ 9 =	16 ÷ 4 =	30 ÷ 6 =	9 ÷ 3 =	14 ÷ 7 =
0 ÷ 8 =	6 ÷ 2 =	24 ÷ 8 =	10 ÷ 5 =	81 ÷ 9 =	24 ÷ 4 =
16 ÷ 2 =	30 ÷ 5 =	0 ÷ 1 =	28 ÷ 7 =	4 ÷ 4 =	40 ÷ 8 =
3 ÷ 3 =	18 ÷ 6 =	63 ÷ 9 =	40 ÷ 5 =	10 ÷ 2 =	36 ÷ 6 =
32 ÷ 8 =	12 ÷ 4 =	18 ÷ 3 =	35 ÷ 7 =	8 ÷ 8 =	2 ÷ 1 =
45 ÷ 5 =	7 ÷ 7 =	27 ÷ 9 =	9 ÷ 1 =	48 ÷ 6 =	0 ÷ 7 =
4 ÷ 1 =	0 ÷ 9 =	24 ÷ 3 =	32 ÷ 4 =	5 ÷ 5 =	72 ÷ 9 =
56 ÷ 7 =	15 ÷ 3 =	12 ÷ 6 =	8 ÷ 2 =	63 ÷ 7 =	0 ÷ 4 =
14 ÷ 2 =	42 ÷ 6 =	6 ÷ 1 =	16 ÷ 8 =	20 ÷ 5 =	49 ÷ 7 =
36 ÷ 4 =	64 ÷ 8 =	0 ÷ 3 =	54 ÷ 9 =	4 ÷ 2 =	48 ÷ 8 =
18 ÷ 9 =	3 ÷ 1 =	35 ÷ 5 =	8 ÷ 4 =	72 ÷ 8 =	6 ÷ 6 =
0 ÷ 5 =	42 ÷ 7 =	2 ÷ 2 =	36 ÷ 9 =	7 ÷ 1 =	12 ÷ 3 =

© Saxon Publishers, Inc., and Stephen Hake

Saxon Math 6/5

FACTS PRACTICE TEST

D — 90 Division Facts
For use with Test 8

Name _____

Time _____

Divide.

7)21	2)10	6)42	1)3	4)24	3)6	9)54	6)18	4)0	5)30
4)32	8)56	1)0	6)12	3)18	9)72	5)15	2)8	7)42	6)36
6)0	5)10	9)9	2)6	7)63	4)16	8)48	1)2	5)35	3)21
2)18	6)6	3)15	8)40	2)0	5)20	9)27	1)8	4)4	7)35
4)20	9)63	1)4	7)14	3)3	8)24	5)0	6)24	8)8	2)16
5)5	8)64	3)0	4)28	7)49	2)4	9)81	3)12	6)30	1)5
8)32	1)1	9)36	3)27	2)14	5)25	6)48	8)0	7)28	4)36
2)12	5)45	1)7	4)8	7)0	8)16	3)24	9)45	1)9	6)54
7)56	9)0	8)72	2)2	5)40	3)9	9)18	1)6	4)12	7)7

© Saxon Publishers, Inc., and Stephen Hake

Saxon Math 6/5

FACTS PRACTICE TEST

F | **64 Multiplication Facts**
For use with Lesson 46

Name _____
Time _____

Multiply.

5 × 6	4 × 3	9 × 8	7 × 5	2 × 9	8 × 4	9 × 3	6 × 9
9 × 4	2 × 5	7 × 6	4 × 8	7 × 9	5 × 4	3 × 2	9 × 7
3 × 7	8 × 5	6 × 2	5 × 5	3 × 5	2 × 4	7 × 7	8 × 9
6 × 4	2 × 8	4 × 4	8 × 2	3 × 9	6 × 6	9 × 9	5 × 3
4 × 6	8 × 8	5 × 7	6 × 3	2 × 2	7 × 4	3 × 8	8 × 6
2 × 6	5 × 9	3 × 3	9 × 2	6 × 7	4 × 5	7 × 2	9 × 6
5 × 2	7 × 8	2 × 3	6 × 8	4 × 7	9 × 5	3 × 6	8 × 7
3 × 4	7 × 3	5 × 8	4 × 2	8 × 3	2 × 7	6 × 5	4 × 9

Saxon Math 6/5

FACTS PRACTICE TEST

F 64 Multiplication Facts
For use with Lesson 47

Name _____

Time _____

Multiply.

5 × 6	4 × 3	9 × 8	7 × 5	2 × 9	8 × 4	9 × 3	6 × 9
9 × 4	2 × 5	7 × 6	4 × 8	7 × 9	5 × 4	3 × 2	9 × 7
3 × 7	8 × 5	6 × 2	5 × 5	3 × 5	2 × 4	7 × 7	8 × 9
6 × 4	2 × 8	4 × 4	8 × 2	3 × 9	6 × 6	9 × 9	5 × 3
4 × 6	8 × 8	5 × 7	6 × 3	2 × 2	7 × 4	3 × 8	8 × 6
2 × 6	5 × 9	3 × 3	9 × 2	6 × 7	4 × 5	7 × 2	9 × 6
5 × 2	7 × 8	2 × 3	6 × 8	4 × 7	9 × 5	3 × 6	8 × 7
3 × 4	7 × 3	5 × 8	4 × 2	8 × 3	2 × 7	6 × 5	4 × 9

Saxon Math 6/5

FACTS PRACTICE TEST

G — 48 Uneven Divisions
For use with Lesson 48

Name _____

Time _____

Divide. Write each answer with a remainder.

4)15	9)14	7)45	3)16	6)38	2)7
8)50	5)28	4)21	6)15	7)11	8)20
3)20	7)32	8)30	2)15	5)43	6)35
9)62	4)10	6)27	9)21	4)19	3)25
6)56	2)17	3)10	5)8	9)40	7)30
2)5	8)25	5)17	7)17	3)8	4)9
7)20	6)10	2)9	4)30	8)15	9)29
5)32	3)14	9)50	8)65	2)11	5)19

Saxon Math 6/5

FACTS PRACTICE TEST

G | **48 Uneven Divisions**
For use with Lesson 49

Name _____

Time _____

Divide. Write each answer with a remainder.

4)15	9)14	7)45	3)16	6)38	2)7
8)50	5)28	4)21	6)15	7)11	8)20
3)20	7)32	8)30	2)15	5)43	6)35
9)62	4)10	6)27	9)21	4)19	3)25
6)56	2)17	3)10	5)8	9)40	7)30
2)5	8)25	5)17	7)17	3)8	4)9
7)20	6)10	2)9	4)30	8)15	9)29
5)32	3)14	9)50	8)65	2)11	5)19

Saxon Math 6/5

FACTS PRACTICE TEST

F — 64 Multiplication Facts
For use with Lesson 50

Name _____
Time _____

Multiply.

5 × 6	4 × 3	9 × 8	7 × 5	2 × 9	8 × 4	9 × 3	6 × 9
9 × 4	2 × 5	7 × 6	4 × 8	7 × 9	5 × 4	3 × 2	9 × 7
3 × 7	8 × 5	6 × 2	5 × 5	3 × 5	2 × 4	7 × 7	8 × 9
6 × 4	2 × 8	4 × 4	8 × 2	3 × 9	6 × 6	9 × 9	5 × 3
4 × 6	8 × 8	5 × 7	6 × 3	2 × 2	7 × 4	3 × 8	8 × 6
2 × 6	5 × 9	3 × 3	9 × 2	6 × 7	4 × 5	7 × 2	9 × 6
5 × 2	7 × 8	2 × 3	6 × 8	4 × 7	9 × 5	3 × 6	8 × 7
3 × 4	7 × 3	5 × 8	4 × 2	8 × 3	2 × 7	6 × 5	4 × 9

Saxon Math 6/5

FACTS PRACTICE TEST

F   **64 Multiplication Facts**
For use with Test 9

Name _____
Time _____

Multiply.

5 × 6	4 × 3	9 × 8	7 × 5	2 × 9	8 × 4	9 × 3	6 × 9
9 × 4	2 × 5	7 × 6	4 × 8	7 × 9	5 × 4	3 × 2	9 × 7
3 × 7	8 × 5	6 × 2	5 × 5	3 × 5	2 × 4	7 × 7	8 × 9
6 × 4	2 × 8	4 × 4	8 × 2	3 × 9	6 × 6	9 × 9	5 × 3
4 × 6	8 × 8	5 × 7	6 × 3	2 × 2	7 × 4	3 × 8	8 × 6
2 × 6	5 × 9	3 × 3	9 × 2	6 × 7	4 × 5	7 × 2	9 × 6
5 × 2	7 × 8	2 × 3	6 × 8	4 × 7	9 × 5	3 × 6	8 × 7
3 × 4	7 × 3	5 × 8	4 × 2	8 × 3	2 × 7	6 × 5	4 × 9

Saxon Math 6/5

FACTS PRACTICE TEST

G **48 Uneven Divisions**
For use with Lesson 51

Name _____

Time _____

Divide. Write each answer with a remainder.

4)15	9)14	7)45	3)16	6)38	2)7
8)50	5)28	4)21	6)15	7)11	8)20
3)20	7)32	8)30	2)15	5)43	6)35
9)62	4)10	6)27	9)21	4)19	3)25
6)56	2)17	3)10	5)8	9)40	7)30
2)5	8)25	5)17	7)17	3)8	4)9
7)20	6)10	2)9	4)30	8)15	9)29
5)32	3)14	9)50	8)65	2)11	5)19

Saxon Math 6/5

FACTS PRACTICE TEST

F | **64 Multiplication Facts**
For use with Lesson 52

Name _____
Time _____

Multiply.

5 × 6	4 × 3	9 × 8	7 × 5	2 × 9	8 × 4	9 × 3	6 × 9
9 × 4	2 × 5	7 × 6	4 × 8	7 × 9	5 × 4	3 × 2	9 × 7
3 × 7	8 × 5	6 × 2	5 × 5	3 × 5	2 × 4	7 × 7	8 × 9
6 × 4	2 × 8	4 × 4	8 × 2	3 × 9	6 × 6	9 × 9	5 × 3
4 × 6	8 × 8	5 × 7	6 × 3	2 × 2	7 × 4	3 × 8	8 × 6
2 × 6	5 × 9	3 × 3	9 × 2	6 × 7	4 × 5	7 × 2	9 × 6
5 × 2	7 × 8	2 × 3	6 × 8	4 × 7	9 × 5	3 × 6	8 × 7
3 × 4	7 × 3	5 × 8	4 × 2	8 × 3	2 × 7	6 × 5	4 × 9

Saxon Math 6/5

FACTS PRACTICE TEST

F — **64 Multiplication Facts**
For use with Lesson 53

Name _____
Time _____

Multiply.

5 × 6	4 × 3	9 × 8	7 × 5	2 × 9	8 × 4	9 × 3	6 × 9
9 × 4	2 × 5	7 × 6	4 × 8	7 × 9	5 × 4	3 × 2	9 × 7
3 × 7	8 × 5	6 × 2	5 × 5	3 × 5	2 × 4	7 × 7	8 × 9
6 × 4	2 × 8	4 × 4	8 × 2	3 × 9	6 × 6	9 × 9	5 × 3
4 × 6	8 × 8	5 × 7	6 × 3	2 × 2	7 × 4	3 × 8	8 × 6
2 × 6	5 × 9	3 × 3	9 × 2	6 × 7	4 × 5	7 × 2	9 × 6
5 × 2	7 × 8	2 × 3	6 × 8	4 × 7	9 × 5	3 × 6	8 × 7
3 × 4	7 × 3	5 × 8	4 × 2	8 × 3	2 × 7	6 × 5	4 × 9

Saxon Math 6/5

FACTS PRACTICE TEST

G | **48 Uneven Divisions**
For use with Lesson 54

Name _____

Time _____

Divide. Write each answer with a remainder.

4)15	9)14	7)45	3)16	6)38	2)7
8)50	5)28	4)21	6)15	7)11	8)20
3)20	7)32	8)30	2)15	5)43	6)35
9)62	4)10	6)27	9)21	4)19	3)25
6)56	2)17	3)10	5)8	9)40	7)30
2)5	8)25	5)17	7)17	3)8	4)9
7)20	6)10	2)9	4)30	8)15	9)29
5)32	3)14	9)50	8)65	2)11	5)19

© Saxon Publishers, Inc., and Stephen Hake

Saxon Math 6/5

FACTS PRACTICE TEST

64 Multiplication Facts
For use with Lesson 55

Name _____

Time _____

Multiply.

5 × 6	4 × 3	9 × 8	7 × 5	2 × 9	8 × 4	9 × 3	6 × 9
9 × 4	2 × 5	7 × 6	4 × 8	7 × 9	5 × 4	3 × 2	9 × 7
3 × 7	8 × 5	6 × 2	5 × 5	3 × 5	2 × 4	7 × 7	8 × 9
6 × 4	2 × 8	4 × 4	8 × 2	3 × 9	6 × 6	9 × 9	5 × 3
4 × 6	8 × 8	5 × 7	6 × 3	2 × 2	7 × 4	3 × 8	8 × 6
2 × 6	5 × 9	3 × 3	9 × 2	6 × 7	4 × 5	7 × 2	9 × 6
5 × 2	7 × 8	2 × 3	6 × 8	4 × 7	9 × 5	3 × 6	8 × 7
3 × 4	7 × 3	5 × 8	4 × 2	8 × 3	2 × 7	6 × 5	4 × 9

Saxon Math 6/5

FACTS PRACTICE TEST

F — 64 Multiplication Facts
For use with Test 10

Name _____
Time _____

Multiply.

5 × 6	4 × 3	9 × 8	7 × 5	2 × 9	8 × 4	9 × 3	6 × 9
9 × 4	2 × 5	7 × 6	4 × 8	7 × 9	5 × 4	3 × 2	9 × 7
3 × 7	8 × 5	6 × 2	5 × 5	3 × 5	2 × 4	7 × 7	8 × 9
6 × 4	2 × 8	4 × 4	8 × 2	3 × 9	6 × 6	9 × 9	5 × 3
4 × 6	8 × 8	5 × 7	6 × 3	2 × 2	7 × 4	3 × 8	8 × 6
2 × 6	5 × 9	3 × 3	9 × 2	6 × 7	4 × 5	7 × 2	9 × 6
5 × 2	7 × 8	2 × 3	6 × 8	4 × 7	9 × 5	3 × 6	8 × 7
3 × 4	7 × 3	5 × 8	4 × 2	8 × 3	2 × 7	6 × 5	4 × 9

Saxon Math 6/5

FACTS PRACTICE TEST

G **48 Uneven Divisions**
For use with Lesson 56

Name _____
Time _____

Divide. Write each answer with a remainder.

4)15	9)14	7)45	3)16	6)38	2)7
8)50	5)28	4)21	6)15	7)11	8)20
3)20	7)32	8)30	2)15	5)43	6)35
9)62	4)10	6)27	9)21	4)19	3)25
6)56	2)17	3)10	5)8	9)40	7)30
2)5	8)25	5)17	7)17	3)8	4)9
7)20	6)10	2)9	4)30	8)15	9)29
5)32	3)14	9)50	8)65	2)11	5)19

© Saxon Publishers, Inc., and Stephen Hake

Saxon Math 6/5

FACTS PRACTICE TEST

F | **64 Multiplication Facts**
For use with Lesson 57

Name _____
Time _____

Multiply.

5 × 6	4 × 3	9 × 8	7 × 5	2 × 9	8 × 4	9 × 3	6 × 9
9 × 4	2 × 5	7 × 6	4 × 8	7 × 9	5 × 4	3 × 2	9 × 7
3 × 7	8 × 5	6 × 2	5 × 5	3 × 5	2 × 4	7 × 7	8 × 9
6 × 4	2 × 8	4 × 4	8 × 2	3 × 9	6 × 6	9 × 9	5 × 3
4 × 6	8 × 8	5 × 7	6 × 3	2 × 2	7 × 4	3 × 8	8 × 6
2 × 6	5 × 9	3 × 3	9 × 2	6 × 7	4 × 5	7 × 2	9 × 6
5 × 2	7 × 8	2 × 3	6 × 8	4 × 7	9 × 5	3 × 6	8 × 7
3 × 4	7 × 3	5 × 8	4 × 2	8 × 3	2 × 7	6 × 5	4 × 9

Saxon Math 6/5

FACTS PRACTICE TEST

G **48 Uneven Divisions**
For use with Lesson 58

Name _____

Time _____

Divide. Write each answer with a remainder.

4)15	9)14	7)45	3)16	6)38	2)7
8)50	5)28	4)21	6)15	7)11	8)20
3)20	7)32	8)30	2)15	5)43	6)35
9)62	4)10	6)27	9)21	4)19	3)25
6)56	2)17	3)10	5)8	9)40	7)30
2)5	8)25	5)17	7)17	3)8	4)9
7)20	6)10	2)9	4)30	8)15	9)29
5)32	3)14	9)50	8)65	2)11	5)19

Saxon Math 6/5

FACTS PRACTICE TEST

F | **64 Multiplication Facts**
For use with Lesson 59

Name _____

Time _____

Multiply.

5 × 6	4 × 3	9 × 8	7 × 5	2 × 9	8 × 4	9 × 3	6 × 9
9 × 4	2 × 5	7 × 6	4 × 8	7 × 9	5 × 4	3 × 2	9 × 7
3 × 7	8 × 5	6 × 2	5 × 5	3 × 5	2 × 4	7 × 7	8 × 9
6 × 4	2 × 8	4 × 4	8 × 2	3 × 9	6 × 6	9 × 9	5 × 3
4 × 6	8 × 8	5 × 7	6 × 3	2 × 2	7 × 4	3 × 8	8 × 6
2 × 6	5 × 9	3 × 3	9 × 2	6 × 7	4 × 5	7 × 2	9 × 6
5 × 2	7 × 8	2 × 3	6 × 8	4 × 7	9 × 5	3 × 6	8 × 7
3 × 4	7 × 3	5 × 8	4 × 2	8 × 3	2 × 7	6 × 5	4 × 9

Saxon Math 6/5

FACTS PRACTICE TEST

G | **48 Uneven Divisions**
For use with Lesson 60

Name _____
Time _____

Divide. Write each answer with a remainder.

4)15	9)14	7)45	3)16	6)38	2)7
8)50	5)28	4)21	6)15	7)11	8)20
3)20	7)32	8)30	2)15	5)43	6)35
9)62	4)10	6)27	9)21	4)19	3)25
6)56	2)17	3)10	5)8	9)40	7)30
2)5	8)25	5)17	7)17	3)8	4)9
7)20	6)10	2)9	4)30	8)15	9)29
5)32	3)14	9)50	8)65	2)11	5)19

Saxon Math 6/5

FACTS PRACTICE TEST

G — **48 Uneven Divisions**
For use with Test 11

Name _____
Time _____

Divide. Write each answer with a remainder.

4)15	9)14	7)45	3)16	6)38	2)7
8)50	5)28	4)21	6)15	7)11	8)20
3)20	7)32	8)30	2)15	5)43	6)35
9)62	4)10	6)27	9)21	4)19	3)25
6)56	2)17	3)10	5)8	9)40	7)30
2)5	8)25	5)17	7)17	3)8	4)9
7)20	6)10	2)9	4)30	8)15	9)29
5)32	3)14	9)50	8)65	2)11	5)19

© Saxon Publishers, Inc., and Stephen Hake

Saxon Math 6/5

FACTS PRACTICE TEST

F — **64 Multiplication Facts**
For use with Lesson 61

Name _____
Time _____

Multiply.

5 × 6	4 × 3	9 × 8	7 × 5	2 × 9	8 × 4	9 × 3	6 × 9
9 × 4	2 × 5	7 × 6	4 × 8	7 × 9	5 × 4	3 × 2	9 × 7
3 × 7	8 × 5	6 × 2	5 × 5	3 × 5	2 × 4	7 × 7	8 × 9
6 × 4	2 × 8	4 × 4	8 × 2	3 × 9	6 × 6	9 × 9	5 × 3
4 × 6	8 × 8	5 × 7	6 × 3	2 × 2	7 × 4	3 × 8	8 × 6
2 × 6	5 × 9	3 × 3	9 × 2	6 × 7	4 × 5	7 × 2	9 × 6
5 × 2	7 × 8	2 × 3	6 × 8	4 × 7	9 × 5	3 × 6	8 × 7
3 × 4	7 × 3	5 × 8	4 × 2	8 × 3	2 × 7	6 × 5	4 × 9

Saxon Math 6/5

FACTS PRACTICE TEST

G   **48 Uneven Divisions**
For use with Lesson 62

Name _____

Time _____

Divide. Write each answer with a remainder.

4)15	9)14	7)45	3)16	6)38	2)7
8)50	5)28	4)21	6)15	7)11	8)20
3)20	7)32	8)30	2)15	5)43	6)35
9)62	4)10	6)27	9)21	4)19	3)25
6)56	2)17	3)10	5)8	9)40	7)30
2)5	8)25	5)17	7)17	3)8	4)9
7)20	6)10	2)9	4)30	8)15	9)29
5)32	3)14	9)50	8)65	2)11	5)19

© Saxon Publishers, Inc., and Stephen Hake

Saxon Math 6/5

FACTS PRACTICE TEST

F   **64 Multiplication Facts**
For use with Lesson 63

Name _____
Time _____

Multiply.

5 × 6	4 × 3	9 × 8	7 × 5	2 × 9	8 × 4	9 × 3	6 × 9
9 × 4	2 × 5	7 × 6	4 × 8	7 × 9	5 × 4	3 × 2	9 × 7
3 × 7	8 × 5	6 × 2	5 × 5	3 × 5	2 × 4	7 × 7	8 × 9
6 × 4	2 × 8	4 × 4	8 × 2	3 × 9	6 × 6	9 × 9	5 × 3
4 × 6	8 × 8	5 × 7	6 × 3	2 × 2	7 × 4	3 × 8	8 × 6
2 × 6	5 × 9	3 × 3	9 × 2	6 × 7	4 × 5	7 × 2	9 × 6
5 × 2	7 × 8	2 × 3	6 × 8	4 × 7	9 × 5	3 × 6	8 × 7
3 × 4	7 × 3	5 × 8	4 × 2	8 × 3	2 × 7	6 × 5	4 × 9

FACTS PRACTICE TEST

F — 64 Multiplication Facts
For use with Lesson 64

Name _____

Time _____

Multiply.

5 × 6	4 × 3	9 × 8	7 × 5	2 × 9	8 × 4	9 × 3	6 × 9
9 × 4	2 × 5	7 × 6	4 × 8	7 × 9	5 × 4	3 × 2	9 × 7
3 × 7	8 × 5	6 × 2	5 × 5	3 × 5	2 × 4	7 × 7	8 × 9
6 × 4	2 × 8	4 × 4	8 × 2	3 × 9	6 × 6	9 × 9	5 × 3
4 × 6	8 × 8	5 × 7	6 × 3	2 × 2	7 × 4	3 × 8	8 × 6
2 × 6	5 × 9	3 × 3	9 × 2	6 × 7	4 × 5	7 × 2	9 × 6
5 × 2	7 × 8	2 × 3	6 × 8	4 × 7	9 × 5	3 × 6	8 × 7
3 × 4	7 × 3	5 × 8	4 × 2	8 × 3	2 × 7	6 × 5	4 × 9

Saxon Math 6/5

FACTS PRACTICE TEST

C — 100 Multiplication Facts
For use with Lesson 65

Name _____

Time _____

Multiply.

9 × 9	3 × 5	8 × 5	2 × 6	4 × 7	0 × 3	7 × 2	1 × 5	7 × 8	4 × 0
3 × 4	5 × 9	0 × 2	7 × 3	4 × 1	2 × 7	6 × 3	5 × 4	1 × 0	9 × 2
1 × 1	9 × 0	2 × 8	6 × 4	0 × 7	8 × 1	3 × 3	4 × 8	9 × 3	2 × 0
4 × 9	7 × 0	1 × 2	8 × 4	6 × 5	2 × 9	9 × 4	0 × 1	7 × 4	5 × 8
0 × 8	4 × 2	9 × 8	3 × 6	5 × 5	1 × 6	5 × 0	6 × 6	2 × 1	7 × 9
9 × 1	2 × 2	5 × 1	4 × 3	0 × 0	8 × 9	3 × 7	9 × 7	1 × 7	6 × 0
5 × 6	7 × 5	3 × 0	8 × 8	1 × 3	8 × 3	5 × 2	0 × 4	9 × 5	6 × 7
2 × 3	8 × 6	0 × 5	6 × 1	3 × 8	7 × 6	1 × 8	9 × 6	4 × 4	5 × 3
7 × 7	1 × 4	6 × 2	4 × 5	2 × 4	8 × 0	3 × 1	6 × 8	0 × 9	8 × 7
3 × 2	4 × 6	1 × 9	5 × 7	8 × 2	0 × 6	7 × 1	2 × 5	6 × 9	3 × 9

© Saxon Publishers, Inc., and Stephen Hake

Saxon Math 6/5

FACTS PRACTICE TEST

F — **64 Multiplication Facts**
For use with Test 12

Name _____
Time _____

Multiply.

5 × 6	4 × 3	9 × 8	7 × 5	2 × 9	8 × 4	9 × 3	6 × 9
9 × 4	2 × 5	7 × 6	4 × 8	7 × 9	5 × 4	3 × 2	9 × 7
3 × 7	8 × 5	6 × 2	5 × 5	3 × 5	2 × 4	7 × 7	8 × 9
6 × 4	2 × 8	4 × 4	8 × 2	3 × 9	6 × 6	9 × 9	5 × 3
4 × 6	8 × 8	5 × 7	6 × 3	2 × 2	7 × 4	3 × 8	8 × 6
2 × 6	5 × 9	3 × 3	9 × 2	6 × 7	4 × 5	7 × 2	9 × 6
5 × 2	7 × 8	2 × 3	6 × 8	4 × 7	9 × 5	3 × 6	8 × 7
3 × 4	7 × 3	5 × 8	4 × 2	8 × 3	2 × 7	6 × 5	4 × 9

Saxon Math 6/5

FACTS PRACTICE TEST

F | 64 Multiplication Facts
For use with Lesson 66

Name _____

Time _____

Multiply.

5 × 6	4 × 3	9 × 8	7 × 5	2 × 9	8 × 4	9 × 3	6 × 9
9 × 4	2 × 5	7 × 6	4 × 8	7 × 9	5 × 4	3 × 2	9 × 7
3 × 7	8 × 5	6 × 2	5 × 5	3 × 5	2 × 4	7 × 7	8 × 9
6 × 4	2 × 8	4 × 4	8 × 2	3 × 9	6 × 6	9 × 9	5 × 3
4 × 6	8 × 8	5 × 7	6 × 3	2 × 2	7 × 4	3 × 8	8 × 6
2 × 6	5 × 9	3 × 3	9 × 2	6 × 7	4 × 5	7 × 2	9 × 6
5 × 2	7 × 8	2 × 3	6 × 8	4 × 7	9 × 5	3 × 6	8 × 7
3 × 4	7 × 3	5 × 8	4 × 2	8 × 3	2 × 7	6 × 5	4 × 9

© Saxon Publishers, Inc., and Stephen Hake

Saxon Math 6/5

FACTS PRACTICE TEST

G 48 Uneven Divisions
For use with Lesson 67

Name _____

Time _____

Divide. Write each answer with a remainder.

4)15	9)14	7)45	3)16	6)38	2)7
8)50	5)28	4)21	6)15	7)11	8)20
3)20	7)32	8)30	2)15	5)43	6)35
9)62	4)10	6)27	9)21	4)19	3)25
6)56	2)17	3)10	5)8	9)40	7)30
2)5	8)25	5)17	7)17	3)8	4)9
7)20	6)10	2)9	4)30	8)15	9)29
5)32	3)14	9)50	8)65	2)11	5)19

© Saxon Publishers, Inc., and Stephen Hake

Saxon Math 6/5

FACTS PRACTICE TEST

D **90 Division Facts**
For use with Lesson 68

Name _____

Time _____

Divide.

7)21	2)10	6)42	1)3	4)24	3)6	9)54	6)18	4)0	5)30
4)32	8)56	1)0	6)12	3)18	9)72	5)15	2)8	7)42	6)36
6)0	5)10	9)9	2)6	7)63	4)16	8)48	1)2	5)35	3)21
2)18	6)6	3)15	8)40	2)0	5)20	9)27	1)8	4)4	7)35
4)20	9)63	1)4	7)14	3)3	8)24	5)0	6)24	8)8	2)16
5)5	8)64	3)0	4)28	7)49	2)4	9)81	3)12	6)30	1)5
8)32	1)1	9)36	3)27	2)14	5)25	6)48	8)0	7)28	4)36
2)12	5)45	1)7	4)8	7)0	8)16	3)24	9)45	1)9	6)54
7)56	9)0	8)72	2)2	5)40	3)9	9)18	1)6	4)12	7)7

© Saxon Publishers, Inc., and Stephen Hake

Saxon Math 6/5

FACTS PRACTICE TEST

F **64 Multiplication Facts**
For use with Lesson 69

Name _____
Time _____

Multiply.

5 × 6	4 × 3	9 × 8	7 × 5	2 × 9	8 × 4	9 × 3	6 × 9
9 × 4	2 × 5	7 × 6	4 × 8	7 × 9	5 × 4	3 × 2	9 × 7
3 × 7	8 × 5	6 × 2	5 × 5	3 × 5	2 × 4	7 × 7	8 × 9
6 × 4	2 × 8	4 × 4	8 × 2	3 × 9	6 × 6	9 × 9	5 × 3
4 × 6	8 × 8	5 × 7	6 × 3	2 × 2	7 × 4	3 × 8	8 × 6
2 × 6	5 × 9	3 × 3	9 × 2	6 × 7	4 × 5	7 × 2	9 × 6
5 × 2	7 × 8	2 × 3	6 × 8	4 × 7	9 × 5	3 × 6	8 × 7
3 × 4	7 × 3	5 × 8	4 × 2	8 × 3	2 × 7	6 × 5	4 × 9

© Saxon Publishers, Inc., and Stephen Hake

Saxon Math 6/5

FACTS PRACTICE TEST

G **48 Uneven Divisions**
For use with Lesson 70

Name _____

Time _____

Divide. Write each answer with a remainder.

4)15	9)14	7)45	3)16	6)38	2)7
8)50	5)28	4)21	6)15	7)11	8)20
3)20	7)32	8)30	2)15	5)43	6)35
9)62	4)10	6)27	9)21	4)19	3)25
6)56	2)17	3)10	5)8	9)40	7)30
2)5	8)25	5)17	7)17	3)8	4)9
7)20	6)10	2)9	4)30	8)15	9)29
5)32	3)14	9)50	8)65	2)11	5)19

Saxon Math 6/5

FACTS PRACTICE TEST

G | **48 Uneven Divisions**
For use with Test 13

Name _____
Time _____

Divide. Write each answer with a remainder.

$4\overline{)15}$	$9\overline{)14}$	$7\overline{)45}$	$3\overline{)16}$	$6\overline{)38}$	$2\overline{)7}$
$8\overline{)50}$	$5\overline{)28}$	$4\overline{)21}$	$6\overline{)15}$	$7\overline{)11}$	$8\overline{)20}$
$3\overline{)20}$	$7\overline{)32}$	$8\overline{)30}$	$2\overline{)15}$	$5\overline{)43}$	$6\overline{)35}$
$9\overline{)62}$	$4\overline{)10}$	$6\overline{)27}$	$9\overline{)21}$	$4\overline{)19}$	$3\overline{)25}$
$6\overline{)56}$	$2\overline{)17}$	$3\overline{)10}$	$5\overline{)8}$	$9\overline{)40}$	$7\overline{)30}$
$2\overline{)5}$	$8\overline{)25}$	$5\overline{)17}$	$7\overline{)17}$	$3\overline{)8}$	$4\overline{)9}$
$7\overline{)20}$	$6\overline{)10}$	$2\overline{)9}$	$4\overline{)30}$	$8\overline{)15}$	$9\overline{)29}$
$5\overline{)32}$	$3\overline{)14}$	$9\overline{)50}$	$8\overline{)65}$	$2\overline{)11}$	$5\overline{)19}$

© Saxon Publishers, Inc., and Stephen Hake

Saxon Math 6/5

FACTS PRACTICE TEST

C **100 Multiplication Facts**
For use with Lesson 71

Name _____

Time _____

Multiply.

9 × 9	3 × 5	8 × 5	2 × 6	4 × 7	0 × 3	7 × 2	1 × 5	7 × 8	4 × 0
3 × 4	5 × 9	0 × 2	7 × 3	4 × 1	2 × 7	6 × 3	5 × 4	1 × 0	9 × 2
1 × 1	9 × 0	2 × 8	6 × 4	0 × 7	8 × 1	3 × 3	4 × 8	9 × 3	2 × 0
4 × 9	7 × 0	1 × 2	8 × 4	6 × 5	2 × 9	9 × 4	0 × 1	7 × 4	5 × 8
0 × 8	4 × 2	9 × 8	3 × 6	5 × 5	1 × 6	5 × 0	6 × 6	2 × 1	7 × 9
9 × 1	2 × 2	5 × 1	4 × 3	0 × 0	8 × 9	3 × 7	9 × 7	1 × 7	6 × 0
5 × 6	7 × 5	3 × 0	8 × 8	1 × 3	8 × 3	5 × 2	0 × 4	9 × 5	6 × 7
2 × 3	8 × 6	0 × 5	6 × 1	3 × 8	7 × 6	1 × 8	9 × 6	4 × 4	5 × 3
7 × 7	1 × 4	6 × 2	4 × 5	2 × 4	8 × 0	3 × 1	6 × 8	0 × 9	8 × 7
3 × 2	4 × 6	1 × 9	5 × 7	8 × 2	0 × 6	7 × 1	2 × 5	6 × 9	3 × 9

© Saxon Publishers, Inc., and Stephen Hake

Saxon Math 6/5

FACTS PRACTICE TEST

E — 90 Division Facts
For use with Lesson 72

Name _____

Time _____

Divide.

20 ÷ 4 =	21 ÷ 7 =	0 ÷ 2 =	27 ÷ 3 =	8 ÷ 1 =	54 ÷ 6 =
15 ÷ 5 =	6 ÷ 3 =	28 ÷ 4 =	18 ÷ 2 =	24 ÷ 6 =	9 ÷ 9 =
56 ÷ 8 =	0 ÷ 6 =	21 ÷ 3 =	1 ÷ 1 =	25 ÷ 5 =	12 ÷ 2 =
5 ÷ 1 =	45 ÷ 9 =	16 ÷ 4 =	30 ÷ 6 =	9 ÷ 3 =	14 ÷ 7 =
0 ÷ 8 =	6 ÷ 2 =	24 ÷ 8 =	10 ÷ 5 =	81 ÷ 9 =	24 ÷ 4 =
16 ÷ 2 =	30 ÷ 5 =	0 ÷ 1 =	28 ÷ 7 =	4 ÷ 4 =	40 ÷ 8 =
3 ÷ 3 =	18 ÷ 6 =	63 ÷ 9 =	40 ÷ 5 =	10 ÷ 2 =	36 ÷ 6 =
32 ÷ 8 =	12 ÷ 4 =	18 ÷ 3 =	35 ÷ 7 =	8 ÷ 8 =	2 ÷ 1 =
45 ÷ 5 =	7 ÷ 7 =	27 ÷ 9 =	9 ÷ 1 =	48 ÷ 6 =	0 ÷ 7 =
4 ÷ 1 =	0 ÷ 9 =	24 ÷ 3 =	32 ÷ 4 =	5 ÷ 5 =	72 ÷ 9 =
56 ÷ 7 =	15 ÷ 3 =	12 ÷ 6 =	8 ÷ 2 =	63 ÷ 7 =	0 ÷ 4 =
14 ÷ 2 =	42 ÷ 6 =	6 ÷ 1 =	16 ÷ 8 =	20 ÷ 5 =	49 ÷ 7 =
36 ÷ 4 =	64 ÷ 8 =	0 ÷ 3 =	54 ÷ 9 =	4 ÷ 2 =	48 ÷ 8 =
18 ÷ 9 =	3 ÷ 1 =	35 ÷ 5 =	8 ÷ 4 =	72 ÷ 8 =	6 ÷ 6 =
0 ÷ 5 =	42 ÷ 7 =	2 ÷ 2 =	36 ÷ 9 =	7 ÷ 1 =	12 ÷ 3 =

© Saxon Publishers, Inc., and Stephen Hake

Saxon Math 6/5

FACTS PRACTICE TEST

F | **64 Multiplication Facts**
For use with Lesson 73

Name _____
Time _____

Multiply.

5 × 6	4 × 3	9 × 8	7 × 5	2 × 9	8 × 4	9 × 3	6 × 9
9 × 4	2 × 5	7 × 6	4 × 8	7 × 9	5 × 4	3 × 2	9 × 7
3 × 7	8 × 5	6 × 2	5 × 5	3 × 5	2 × 4	7 × 7	8 × 9
6 × 4	2 × 8	4 × 4	8 × 2	3 × 9	6 × 6	9 × 9	5 × 3
4 × 6	8 × 8	5 × 7	6 × 3	2 × 2	7 × 4	3 × 8	8 × 6
2 × 6	5 × 9	3 × 3	9 × 2	6 × 7	4 × 5	7 × 2	9 × 6
5 × 2	7 × 8	2 × 3	6 × 8	4 × 7	9 × 5	3 × 6	8 × 7
3 × 4	7 × 3	5 × 8	4 × 2	8 × 3	2 × 7	6 × 5	4 × 9

Saxon Math 6/5

FACTS PRACTICE TEST

G | **48 Uneven Divisions**
For use with Lesson 74

Name _____

Time _____

Divide. Write each answer with a remainder.

$4\overline{)15}$	$9\overline{)14}$	$7\overline{)45}$	$3\overline{)16}$	$6\overline{)38}$	$2\overline{)7}$
$8\overline{)50}$	$5\overline{)28}$	$4\overline{)21}$	$6\overline{)15}$	$7\overline{)11}$	$8\overline{)20}$
$3\overline{)20}$	$7\overline{)32}$	$8\overline{)30}$	$2\overline{)15}$	$5\overline{)43}$	$6\overline{)35}$
$9\overline{)62}$	$4\overline{)10}$	$6\overline{)27}$	$9\overline{)21}$	$4\overline{)19}$	$3\overline{)25}$
$6\overline{)56}$	$2\overline{)17}$	$3\overline{)10}$	$5\overline{)8}$	$9\overline{)40}$	$7\overline{)30}$
$2\overline{)5}$	$8\overline{)25}$	$5\overline{)17}$	$7\overline{)17}$	$3\overline{)8}$	$4\overline{)9}$
$7\overline{)20}$	$6\overline{)10}$	$2\overline{)9}$	$4\overline{)30}$	$8\overline{)15}$	$9\overline{)29}$
$5\overline{)32}$	$3\overline{)14}$	$9\overline{)50}$	$8\overline{)65}$	$2\overline{)11}$	$5\overline{)19}$

© Saxon Publishers, Inc., and Stephen Hake

Saxon Math 6/5

FACTS PRACTICE TEST

C — 100 Multiplication Facts
For use with Lesson 75

Name _____

Time _____

Multiply.

9 × 9	3 × 5	8 × 5	2 × 6	4 × 7	0 × 3	7 × 2	1 × 5	7 × 8	4 × 0
3 × 4	5 × 9	0 × 2	7 × 3	4 × 1	2 × 7	6 × 3	5 × 4	1 × 0	9 × 2
1 × 1	9 × 0	2 × 8	6 × 4	0 × 7	8 × 1	3 × 3	4 × 8	9 × 3	2 × 0
4 × 9	7 × 0	1 × 2	8 × 4	6 × 5	2 × 9	9 × 4	0 × 1	7 × 4	5 × 8
0 × 8	4 × 2	9 × 8	3 × 6	5 × 5	1 × 6	5 × 0	6 × 6	2 × 1	7 × 9
9 × 1	2 × 2	5 × 1	4 × 3	0 × 0	8 × 9	3 × 7	9 × 7	1 × 7	6 × 0
5 × 6	7 × 5	3 × 0	8 × 8	1 × 3	8 × 3	5 × 2	0 × 4	9 × 5	6 × 7
2 × 3	8 × 6	0 × 5	6 × 1	3 × 8	7 × 6	1 × 8	9 × 6	4 × 4	5 × 3
7 × 7	1 × 4	6 × 2	4 × 5	2 × 4	8 × 0	3 × 1	6 × 8	0 × 9	8 × 7
3 × 2	4 × 6	1 × 9	5 × 7	8 × 2	0 × 6	7 × 1	2 × 5	6 × 9	3 × 9

© Saxon Publishers, Inc., and Stephen Hake

Saxon Math 6/5

FACTS PRACTICE TEST

C — 100 Multiplication Facts
For use with Test 14

Name _____
Time _____

Multiply.

9 × 9	3 × 5	8 × 5	2 × 6	4 × 7	0 × 3	7 × 2	1 × 5	7 × 8	4 × 0
3 × 4	5 × 9	0 × 2	7 × 3	4 × 1	2 × 7	6 × 3	5 × 4	1 × 0	9 × 2
1 × 1	9 × 0	2 × 8	6 × 4	0 × 7	8 × 1	3 × 3	4 × 8	9 × 3	2 × 0
4 × 9	7 × 0	1 × 2	8 × 4	6 × 5	2 × 9	9 × 4	0 × 1	7 × 4	5 × 8
0 × 8	4 × 2	9 × 8	3 × 6	5 × 5	1 × 6	5 × 0	6 × 6	2 × 1	7 × 9
9 × 1	2 × 2	5 × 1	4 × 3	0 × 0	8 × 9	3 × 7	9 × 7	1 × 7	6 × 0
5 × 6	7 × 5	3 × 0	8 × 8	1 × 3	8 × 3	5 × 2	0 × 4	9 × 5	6 × 7
2 × 3	8 × 6	0 × 5	6 × 1	3 × 8	7 × 6	1 × 8	9 × 6	4 × 4	5 × 3
7 × 7	1 × 4	6 × 2	4 × 5	2 × 4	8 × 0	3 × 1	6 × 8	0 × 9	8 × 7
3 × 2	4 × 6	1 × 9	5 × 7	8 × 2	0 × 6	7 × 1	2 × 5	6 × 9	3 × 9

© Saxon Publishers, Inc., and Stephen Hake

Saxon Math 6/5

FACTS PRACTICE TEST

H | **60 Improper Fractions to Simplify**
For use with Lesson 76

Name _____

Time _____

Simplify.

$\frac{15}{2} =$	$\frac{9}{8} =$	$\frac{10}{2} =$	$\frac{18}{6} =$	$\frac{8}{3} =$	$\frac{12}{4} =$
$\frac{10}{10} =$	$\frac{3}{2} =$	$\frac{11}{4} =$	$\frac{4}{3} =$	$\frac{12}{5} =$	$\frac{5}{4} =$
$\frac{12}{6} =$	$\frac{9}{3} =$	$\frac{5}{5} =$	$\frac{15}{4} =$	$\frac{6}{2} =$	$\frac{9}{9} =$
$\frac{3}{3} =$	$\frac{7}{4} =$	$\frac{21}{10} =$	$\frac{11}{2} =$	$\frac{7}{6} =$	$\frac{24}{8} =$
$\frac{11}{3} =$	$\frac{9}{5} =$	$\frac{4}{2} =$	$\frac{21}{8} =$	$\frac{6}{5} =$	$\frac{12}{3} =$
$\frac{7}{2} =$	$\frac{25}{6} =$	$\frac{10}{9} =$	$\frac{4}{4} =$	$\frac{12}{2} =$	$\frac{16}{15} =$
$\frac{10}{5} =$	$\frac{5}{2} =$	$\frac{7}{3} =$	$\frac{8}{4} =$	$\frac{8}{8} =$	$\frac{27}{10} =$
$\frac{16}{4} =$	$\frac{6}{6} =$	$\frac{25}{12} =$	$\frac{5}{3} =$	$\frac{7}{5} =$	$\frac{16}{9} =$
$\frac{15}{8} =$	$\frac{10}{3} =$	$\frac{33}{10} =$	$\frac{2}{2} =$	$\frac{35}{6} =$	$\frac{25}{8} =$
$\frac{6}{3} =$	$\frac{8}{5} =$	$\frac{9}{4} =$	$\frac{12}{12} =$	$\frac{25}{2} =$	$\frac{9}{2} =$

© Saxon Publishers, Inc., and Stephen Hake

Saxon Math 6/5

FACTS PRACTICE TEST

H | **60 Improper Fractions to Simplify**
For use with Lesson 77

Name _____

Time _____

Simplify.

$\frac{15}{2} =$	$\frac{9}{8} =$	$\frac{10}{2} =$	$\frac{18}{6} =$	$\frac{8}{3} =$	$\frac{12}{4} =$
$\frac{10}{10} =$	$\frac{3}{2} =$	$\frac{11}{4} =$	$\frac{4}{3} =$	$\frac{12}{5} =$	$\frac{5}{4} =$
$\frac{12}{6} =$	$\frac{9}{3} =$	$\frac{5}{5} =$	$\frac{15}{4} =$	$\frac{6}{2} =$	$\frac{9}{9} =$
$\frac{3}{3} =$	$\frac{7}{4} =$	$\frac{21}{10} =$	$\frac{11}{2} =$	$\frac{7}{6} =$	$\frac{24}{8} =$
$\frac{11}{3} =$	$\frac{9}{5} =$	$\frac{4}{2} =$	$\frac{21}{8} =$	$\frac{6}{5} =$	$\frac{12}{3} =$
$\frac{7}{2} =$	$\frac{25}{6} =$	$\frac{10}{9} =$	$\frac{4}{4} =$	$\frac{12}{2} =$	$\frac{16}{15} =$
$\frac{10}{5} =$	$\frac{5}{2} =$	$\frac{7}{3} =$	$\frac{8}{4} =$	$\frac{8}{8} =$	$\frac{27}{10} =$
$\frac{16}{4} =$	$\frac{6}{6} =$	$\frac{25}{12} =$	$\frac{5}{3} =$	$\frac{7}{5} =$	$\frac{16}{9} =$
$\frac{15}{8} =$	$\frac{10}{3} =$	$\frac{33}{10} =$	$\frac{2}{2} =$	$\frac{35}{6} =$	$\frac{25}{8} =$
$\frac{6}{3} =$	$\frac{8}{5} =$	$\frac{9}{4} =$	$\frac{12}{12} =$	$\frac{25}{2} =$	$\frac{9}{2} =$

© Saxon Publishers, Inc., and Stephen Hake

Saxon Math 6/5

FACTS PRACTICE TEST

H — **60 Improper Fractions to Simplify**
For use with Lesson 78

Name _____

Time _____

Simplify.

$\frac{15}{2} =$	$\frac{9}{8} =$	$\frac{10}{2} =$	$\frac{18}{6} =$	$\frac{8}{3} =$	$\frac{12}{4} =$
$\frac{10}{10} =$	$\frac{3}{2} =$	$\frac{11}{4} =$	$\frac{4}{3} =$	$\frac{12}{5} =$	$\frac{5}{4} =$
$\frac{12}{6} =$	$\frac{9}{3} =$	$\frac{5}{5} =$	$\frac{15}{4} =$	$\frac{6}{2} =$	$\frac{9}{9} =$
$\frac{3}{3} =$	$\frac{7}{4} =$	$\frac{21}{10} =$	$\frac{11}{2} =$	$\frac{7}{6} =$	$\frac{24}{8} =$
$\frac{11}{3} =$	$\frac{9}{5} =$	$\frac{4}{2} =$	$\frac{21}{8} =$	$\frac{6}{5} =$	$\frac{12}{3} =$
$\frac{7}{2} =$	$\frac{25}{6} =$	$\frac{10}{9} =$	$\frac{4}{4} =$	$\frac{12}{2} =$	$\frac{16}{15} =$
$\frac{10}{5} =$	$\frac{5}{2} =$	$\frac{7}{3} =$	$\frac{8}{4} =$	$\frac{8}{8} =$	$\frac{27}{10} =$
$\frac{16}{4} =$	$\frac{6}{6} =$	$\frac{25}{12} =$	$\frac{5}{3} =$	$\frac{7}{5} =$	$\frac{16}{9} =$
$\frac{15}{8} =$	$\frac{10}{3} =$	$\frac{33}{10} =$	$\frac{2}{2} =$	$\frac{35}{6} =$	$\frac{25}{8} =$
$\frac{6}{3} =$	$\frac{8}{5} =$	$\frac{9}{4} =$	$\frac{12}{12} =$	$\frac{25}{2} =$	$\frac{9}{2} =$

FACTS PRACTICE TEST

 60 Improper Fractions to Simplify
For use with Lesson 79

Name _____

Time _____

Simplify.

$\frac{15}{2} =$	$\frac{9}{8} =$	$\frac{10}{2} =$	$\frac{18}{6} =$	$\frac{8}{3} =$	$\frac{12}{4} =$
$\frac{10}{10} =$	$\frac{3}{2} =$	$\frac{11}{4} =$	$\frac{4}{3} =$	$\frac{12}{5} =$	$\frac{5}{4} =$
$\frac{12}{6} =$	$\frac{9}{3} =$	$\frac{5}{5} =$	$\frac{15}{4} =$	$\frac{6}{2} =$	$\frac{9}{9} =$
$\frac{3}{3} =$	$\frac{7}{4} =$	$\frac{21}{10} =$	$\frac{11}{2} =$	$\frac{7}{6} =$	$\frac{24}{8} =$
$\frac{11}{3} =$	$\frac{9}{5} =$	$\frac{4}{2} =$	$\frac{21}{8} =$	$\frac{6}{5} =$	$\frac{12}{3} =$
$\frac{7}{2} =$	$\frac{25}{6} =$	$\frac{10}{9} =$	$\frac{4}{4} =$	$\frac{12}{2} =$	$\frac{16}{15} =$
$\frac{10}{5} =$	$\frac{5}{2} =$	$\frac{7}{3} =$	$\frac{8}{4} =$	$\frac{8}{8} =$	$\frac{27}{10} =$
$\frac{16}{4} =$	$\frac{6}{6} =$	$\frac{25}{12} =$	$\frac{5}{3} =$	$\frac{7}{5} =$	$\frac{16}{9} =$
$\frac{15}{8} =$	$\frac{10}{3} =$	$\frac{33}{10} =$	$\frac{2}{2} =$	$\frac{35}{6} =$	$\frac{25}{8} =$
$\frac{6}{3} =$	$\frac{8}{5} =$	$\frac{9}{4} =$	$\frac{12}{12} =$	$\frac{25}{2} =$	$\frac{9}{2} =$

© Saxon Publishers, Inc., and Stephen Hake

Saxon Math 6/5

FACTS PRACTICE TEST

60 Improper Fractions to Simplify
For use with Lesson 80

Name _____

Time _____

Simplify.

$\frac{15}{2} =$	$\frac{9}{8} =$	$\frac{10}{2} =$	$\frac{18}{6} =$	$\frac{8}{3} =$	$\frac{12}{4} =$
$\frac{10}{10} =$	$\frac{3}{2} =$	$\frac{11}{4} =$	$\frac{4}{3} =$	$\frac{12}{5} =$	$\frac{5}{4} =$
$\frac{12}{6} =$	$\frac{9}{3} =$	$\frac{5}{5} =$	$\frac{15}{4} =$	$\frac{6}{2} =$	$\frac{9}{9} =$
$\frac{3}{3} =$	$\frac{7}{4} =$	$\frac{21}{10} =$	$\frac{11}{2} =$	$\frac{7}{6} =$	$\frac{24}{8} =$
$\frac{11}{3} =$	$\frac{9}{5} =$	$\frac{4}{2} =$	$\frac{21}{8} =$	$\frac{6}{5} =$	$\frac{12}{3} =$
$\frac{7}{2} =$	$\frac{25}{6} =$	$\frac{10}{9} =$	$\frac{4}{4} =$	$\frac{12}{2} =$	$\frac{16}{15} =$
$\frac{10}{5} =$	$\frac{5}{2} =$	$\frac{7}{3} =$	$\frac{8}{4} =$	$\frac{8}{8} =$	$\frac{27}{10} =$
$\frac{16}{4} =$	$\frac{6}{6} =$	$\frac{25}{12} =$	$\frac{5}{3} =$	$\frac{7}{5} =$	$\frac{16}{9} =$
$\frac{15}{8} =$	$\frac{10}{3} =$	$\frac{33}{10} =$	$\frac{2}{2} =$	$\frac{35}{6} =$	$\frac{25}{8} =$
$\frac{6}{3} =$	$\frac{8}{5} =$	$\frac{9}{4} =$	$\frac{12}{12} =$	$\frac{25}{2} =$	$\frac{9}{2} =$

© Saxon Publishers, Inc., and Stephen Hake

Saxon Math 6/5

FACTS PRACTICE TEST

H — **60 Improper Fractions to Simplify**
For use with Test 15

Name _____
Time _____

Simplify.

$\dfrac{15}{2} =$	$\dfrac{9}{8} =$	$\dfrac{10}{2} =$	$\dfrac{18}{6} =$	$\dfrac{8}{3} =$	$\dfrac{12}{4} =$
$\dfrac{10}{10} =$	$\dfrac{3}{2} =$	$\dfrac{11}{4} =$	$\dfrac{4}{3} =$	$\dfrac{12}{5} =$	$\dfrac{5}{4} =$
$\dfrac{12}{6} =$	$\dfrac{9}{3} =$	$\dfrac{5}{5} =$	$\dfrac{15}{4} =$	$\dfrac{6}{2} =$	$\dfrac{9}{9} =$
$\dfrac{3}{3} =$	$\dfrac{7}{4} =$	$\dfrac{21}{10} =$	$\dfrac{11}{2} =$	$\dfrac{7}{6} =$	$\dfrac{24}{8} =$
$\dfrac{11}{3} =$	$\dfrac{9}{5} =$	$\dfrac{4}{2} =$	$\dfrac{21}{8} =$	$\dfrac{6}{5} =$	$\dfrac{12}{3} =$
$\dfrac{7}{2} =$	$\dfrac{25}{6} =$	$\dfrac{10}{9} =$	$\dfrac{4}{4} =$	$\dfrac{12}{2} =$	$\dfrac{16}{15} =$
$\dfrac{10}{5} =$	$\dfrac{5}{2} =$	$\dfrac{7}{3} =$	$\dfrac{8}{4} =$	$\dfrac{8}{8} =$	$\dfrac{27}{10} =$
$\dfrac{16}{4} =$	$\dfrac{6}{6} =$	$\dfrac{25}{12} =$	$\dfrac{5}{3} =$	$\dfrac{7}{5} =$	$\dfrac{16}{9} =$
$\dfrac{15}{8} =$	$\dfrac{10}{3} =$	$\dfrac{33}{10} =$	$\dfrac{2}{2} =$	$\dfrac{35}{6} =$	$\dfrac{25}{8} =$
$\dfrac{6}{3} =$	$\dfrac{8}{5} =$	$\dfrac{9}{4} =$	$\dfrac{12}{12} =$	$\dfrac{25}{2} =$	$\dfrac{9}{2} =$

© Saxon Publishers, Inc., and Stephen Hake

Saxon Math 6/5

FACTS PRACTICE TEST

H | **60 Improper Fractions to Simplify**
For use with Lesson 81

Name _____

Time _____

Simplify.

$\frac{15}{2} =$	$\frac{9}{8} =$	$\frac{10}{2} =$	$\frac{18}{6} =$	$\frac{8}{3} =$	$\frac{12}{4} =$
$\frac{10}{10} =$	$\frac{3}{2} =$	$\frac{11}{4} =$	$\frac{4}{3} =$	$\frac{12}{5} =$	$\frac{5}{4} =$
$\frac{12}{6} =$	$\frac{9}{3} =$	$\frac{5}{5} =$	$\frac{15}{4} =$	$\frac{6}{2} =$	$\frac{9}{9} =$
$\frac{3}{3} =$	$\frac{7}{4} =$	$\frac{21}{10} =$	$\frac{11}{2} =$	$\frac{7}{6} =$	$\frac{24}{8} =$
$\frac{11}{3} =$	$\frac{9}{5} =$	$\frac{4}{2} =$	$\frac{21}{8} =$	$\frac{6}{5} =$	$\frac{12}{3} =$
$\frac{7}{2} =$	$\frac{25}{6} =$	$\frac{10}{9} =$	$\frac{4}{4} =$	$\frac{12}{2} =$	$\frac{16}{15} =$
$\frac{10}{5} =$	$\frac{5}{2} =$	$\frac{7}{3} =$	$\frac{8}{4} =$	$\frac{8}{8} =$	$\frac{27}{10} =$
$\frac{16}{4} =$	$\frac{6}{6} =$	$\frac{25}{12} =$	$\frac{5}{3} =$	$\frac{7}{5} =$	$\frac{16}{9} =$
$\frac{15}{8} =$	$\frac{10}{3} =$	$\frac{33}{10} =$	$\frac{2}{2} =$	$\frac{35}{6} =$	$\frac{25}{8} =$
$\frac{6}{3} =$	$\frac{8}{5} =$	$\frac{9}{4} =$	$\frac{12}{12} =$	$\frac{25}{2} =$	$\frac{9}{2} =$

Saxon Math 6/5

FACTS PRACTICE TEST

H — **60 Improper Fractions to Simplify**
For use with Lesson 82

Name _____

Time _____

Simplify.

$\frac{15}{2} =$	$\frac{9}{8} =$	$\frac{10}{2} =$	$\frac{18}{6} =$	$\frac{8}{3} =$	$\frac{12}{4} =$
$\frac{10}{10} =$	$\frac{3}{2} =$	$\frac{11}{4} =$	$\frac{4}{3} =$	$\frac{12}{5} =$	$\frac{5}{4} =$
$\frac{12}{6} =$	$\frac{9}{3} =$	$\frac{5}{5} =$	$\frac{15}{4} =$	$\frac{6}{2} =$	$\frac{9}{9} =$
$\frac{3}{3} =$	$\frac{7}{4} =$	$\frac{21}{10} =$	$\frac{11}{2} =$	$\frac{7}{6} =$	$\frac{24}{8} =$
$\frac{11}{3} =$	$\frac{9}{5} =$	$\frac{4}{2} =$	$\frac{21}{8} =$	$\frac{6}{5} =$	$\frac{12}{3} =$
$\frac{7}{2} =$	$\frac{25}{6} =$	$\frac{10}{9} =$	$\frac{4}{4} =$	$\frac{12}{2} =$	$\frac{16}{15} =$
$\frac{10}{5} =$	$\frac{5}{2} =$	$\frac{7}{3} =$	$\frac{8}{4} =$	$\frac{8}{8} =$	$\frac{27}{10} =$
$\frac{16}{4} =$	$\frac{6}{6} =$	$\frac{25}{12} =$	$\frac{5}{3} =$	$\frac{7}{5} =$	$\frac{16}{9} =$
$\frac{15}{8} =$	$\frac{10}{3} =$	$\frac{33}{10} =$	$\frac{2}{2} =$	$\frac{35}{6} =$	$\frac{25}{8} =$
$\frac{6}{3} =$	$\frac{8}{5} =$	$\frac{9}{4} =$	$\frac{12}{12} =$	$\frac{25}{2} =$	$\frac{9}{2} =$

Saxon Math 6/5

FACTS PRACTICE TEST

H | **60 Improper Fractions to Simplify**
For use with Lesson 83

Name _____

Time _____

Simplify.

$\frac{15}{2} =$	$\frac{9}{8} =$	$\frac{10}{2} =$	$\frac{18}{6} =$	$\frac{8}{3} =$	$\frac{12}{4} =$
$\frac{10}{10} =$	$\frac{3}{2} =$	$\frac{11}{4} =$	$\frac{4}{3} =$	$\frac{12}{5} =$	$\frac{5}{4} =$
$\frac{12}{6} =$	$\frac{9}{3} =$	$\frac{5}{5} =$	$\frac{15}{4} =$	$\frac{6}{2} =$	$\frac{9}{9} =$
$\frac{3}{3} =$	$\frac{7}{4} =$	$\frac{21}{10} =$	$\frac{11}{2} =$	$\frac{7}{6} =$	$\frac{24}{8} =$
$\frac{11}{3} =$	$\frac{9}{5} =$	$\frac{4}{2} =$	$\frac{21}{8} =$	$\frac{6}{5} =$	$\frac{12}{3} =$
$\frac{7}{2} =$	$\frac{25}{6} =$	$\frac{10}{9} =$	$\frac{4}{4} =$	$\frac{12}{2} =$	$\frac{16}{15} =$
$\frac{10}{5} =$	$\frac{5}{2} =$	$\frac{7}{3} =$	$\frac{8}{4} =$	$\frac{8}{8} =$	$\frac{27}{10} =$
$\frac{16}{4} =$	$\frac{6}{6} =$	$\frac{25}{12} =$	$\frac{5}{3} =$	$\frac{7}{5} =$	$\frac{16}{9} =$
$\frac{15}{8} =$	$\frac{10}{3} =$	$\frac{33}{10} =$	$\frac{2}{2} =$	$\frac{35}{6} =$	$\frac{25}{8} =$
$\frac{6}{3} =$	$\frac{8}{5} =$	$\frac{9}{4} =$	$\frac{12}{12} =$	$\frac{25}{2} =$	$\frac{9}{2} =$

Saxon Math 6/5

FACTS PRACTICE TEST

H — **60 Improper Fractions to Simplify**
For use with Lesson 84

Name _____

Time _____

Simplify.

$\frac{15}{2} =$	$\frac{9}{8} =$	$\frac{10}{2} =$	$\frac{18}{6} =$	$\frac{8}{3} =$	$\frac{12}{4} =$
$\frac{10}{10} =$	$\frac{3}{2} =$	$\frac{11}{4} =$	$\frac{4}{3} =$	$\frac{12}{5} =$	$\frac{5}{4} =$
$\frac{12}{6} =$	$\frac{9}{3} =$	$\frac{5}{5} =$	$\frac{15}{4} =$	$\frac{6}{2} =$	$\frac{9}{9} =$
$\frac{3}{3} =$	$\frac{7}{4} =$	$\frac{21}{10} =$	$\frac{11}{2} =$	$\frac{7}{6} =$	$\frac{24}{8} =$
$\frac{11}{3} =$	$\frac{9}{5} =$	$\frac{4}{2} =$	$\frac{21}{8} =$	$\frac{6}{5} =$	$\frac{12}{3} =$
$\frac{7}{2} =$	$\frac{25}{6} =$	$\frac{10}{9} =$	$\frac{4}{4} =$	$\frac{12}{2} =$	$\frac{16}{15} =$
$\frac{10}{5} =$	$\frac{5}{2} =$	$\frac{7}{3} =$	$\frac{8}{4} =$	$\frac{8}{8} =$	$\frac{27}{10} =$
$\frac{16}{4} =$	$\frac{6}{6} =$	$\frac{25}{12} =$	$\frac{5}{3} =$	$\frac{7}{5} =$	$\frac{16}{9} =$
$\frac{15}{8} =$	$\frac{10}{3} =$	$\frac{33}{10} =$	$\frac{2}{2} =$	$\frac{35}{6} =$	$\frac{25}{8} =$
$\frac{6}{3} =$	$\frac{8}{5} =$	$\frac{9}{4} =$	$\frac{12}{12} =$	$\frac{25}{2} =$	$\frac{9}{2} =$

Saxon Math 6/5

FACTS PRACTICE TEST

H | **60 Improper Fractions to Simplify**
For use with Lesson 85

Name _____

Time _____

Simplify.

$\frac{15}{2} =$	$\frac{9}{8} =$	$\frac{10}{2} =$	$\frac{18}{6} =$	$\frac{8}{3} =$	$\frac{12}{4} =$
$\frac{10}{10} =$	$\frac{3}{2} =$	$\frac{11}{4} =$	$\frac{4}{3} =$	$\frac{12}{5} =$	$\frac{5}{4} =$
$\frac{12}{6} =$	$\frac{9}{3} =$	$\frac{5}{5} =$	$\frac{15}{4} =$	$\frac{6}{2} =$	$\frac{9}{9} =$
$\frac{3}{3} =$	$\frac{7}{4} =$	$\frac{21}{10} =$	$\frac{11}{2} =$	$\frac{7}{6} =$	$\frac{24}{8} =$
$\frac{11}{3} =$	$\frac{9}{5} =$	$\frac{4}{2} =$	$\frac{21}{8} =$	$\frac{6}{5} =$	$\frac{12}{3} =$
$\frac{7}{2} =$	$\frac{25}{6} =$	$\frac{10}{9} =$	$\frac{4}{4} =$	$\frac{12}{2} =$	$\frac{16}{15} =$
$\frac{10}{5} =$	$\frac{5}{2} =$	$\frac{7}{3} =$	$\frac{8}{4} =$	$\frac{8}{8} =$	$\frac{27}{10} =$
$\frac{16}{4} =$	$\frac{6}{6} =$	$\frac{25}{12} =$	$\frac{5}{3} =$	$\frac{7}{5} =$	$\frac{16}{9} =$
$\frac{15}{8} =$	$\frac{10}{3} =$	$\frac{33}{10} =$	$\frac{2}{2} =$	$\frac{35}{6} =$	$\frac{25}{8} =$
$\frac{6}{3} =$	$\frac{8}{5} =$	$\frac{9}{4} =$	$\frac{12}{12} =$	$\frac{25}{2} =$	$\frac{9}{2} =$

Saxon Math 6/5

FACTS PRACTICE TEST

60 Improper Fractions to Simplify
For use with Test 16

Name _____

Time _____

Simplify.

$\frac{15}{2} =$	$\frac{9}{8} =$	$\frac{10}{2} =$	$\frac{18}{6} =$	$\frac{8}{3} =$	$\frac{12}{4} =$
$\frac{10}{10} =$	$\frac{3}{2} =$	$\frac{11}{4} =$	$\frac{4}{3} =$	$\frac{12}{5} =$	$\frac{5}{4} =$
$\frac{12}{6} =$	$\frac{9}{3} =$	$\frac{5}{5} =$	$\frac{15}{4} =$	$\frac{6}{2} =$	$\frac{9}{9} =$
$\frac{3}{3} =$	$\frac{7}{4} =$	$\frac{21}{10} =$	$\frac{11}{2} =$	$\frac{7}{6} =$	$\frac{24}{8} =$
$\frac{11}{3} =$	$\frac{9}{5} =$	$\frac{4}{2} =$	$\frac{21}{8} =$	$\frac{6}{5} =$	$\frac{12}{3} =$
$\frac{7}{2} =$	$\frac{25}{6} =$	$\frac{10}{9} =$	$\frac{4}{4} =$	$\frac{12}{2} =$	$\frac{16}{15} =$
$\frac{10}{5} =$	$\frac{5}{2} =$	$\frac{7}{3} =$	$\frac{8}{4} =$	$\frac{8}{8} =$	$\frac{27}{10} =$
$\frac{16}{4} =$	$\frac{6}{6} =$	$\frac{25}{12} =$	$\frac{5}{3} =$	$\frac{7}{5} =$	$\frac{16}{9} =$
$\frac{15}{8} =$	$\frac{10}{3} =$	$\frac{33}{10} =$	$\frac{2}{2} =$	$\frac{35}{6} =$	$\frac{25}{8} =$
$\frac{6}{3} =$	$\frac{8}{5} =$	$\frac{9}{4} =$	$\frac{12}{12} =$	$\frac{25}{2} =$	$\frac{9}{2} =$

Saxon Math 6/5

FACTS PRACTICE TEST

H — **60 Improper Fractions to Simplify**
For use with Lesson 86

Name _____
Time _____

Simplify.

$\frac{15}{2} =$	$\frac{9}{8} =$	$\frac{10}{2} =$	$\frac{18}{6} =$	$\frac{8}{3} =$	$\frac{12}{4} =$
$\frac{10}{10} =$	$\frac{3}{2} =$	$\frac{11}{4} =$	$\frac{4}{3} =$	$\frac{12}{5} =$	$\frac{5}{4} =$
$\frac{12}{6} =$	$\frac{9}{3} =$	$\frac{5}{5} =$	$\frac{15}{4} =$	$\frac{6}{2} =$	$\frac{9}{9} =$
$\frac{3}{3} =$	$\frac{7}{4} =$	$\frac{21}{10} =$	$\frac{11}{2} =$	$\frac{7}{6} =$	$\frac{24}{8} =$
$\frac{11}{3} =$	$\frac{9}{5} =$	$\frac{4}{2} =$	$\frac{21}{8} =$	$\frac{6}{5} =$	$\frac{12}{3} =$
$\frac{7}{2} =$	$\frac{25}{6} =$	$\frac{10}{9} =$	$\frac{4}{4} =$	$\frac{12}{2} =$	$\frac{16}{15} =$
$\frac{10}{5} =$	$\frac{5}{2} =$	$\frac{7}{3} =$	$\frac{8}{4} =$	$\frac{8}{8} =$	$\frac{27}{10} =$
$\frac{16}{4} =$	$\frac{6}{6} =$	$\frac{25}{12} =$	$\frac{5}{3} =$	$\frac{7}{5} =$	$\frac{16}{9} =$
$\frac{15}{8} =$	$\frac{10}{3} =$	$\frac{33}{10} =$	$\frac{2}{2} =$	$\frac{35}{6} =$	$\frac{25}{8} =$
$\frac{6}{3} =$	$\frac{8}{5} =$	$\frac{9}{4} =$	$\frac{12}{12} =$	$\frac{25}{2} =$	$\frac{9}{2} =$

© Saxon Publishers, Inc., and Stephen Hake

Saxon Math 6/5

FACTS PRACTICE TEST

 60 Improper Fractions to Simplify
For use with Lesson 87

Name _____

Time _____

Simplify.

$\frac{15}{2} =$	$\frac{9}{8} =$	$\frac{10}{2} =$	$\frac{18}{6} =$	$\frac{8}{3} =$	$\frac{12}{4} =$
$\frac{10}{10} =$	$\frac{3}{2} =$	$\frac{11}{4} =$	$\frac{4}{3} =$	$\frac{12}{5} =$	$\frac{5}{4} =$
$\frac{12}{6} =$	$\frac{9}{3} =$	$\frac{5}{5} =$	$\frac{15}{4} =$	$\frac{6}{2} =$	$\frac{9}{9} =$
$\frac{3}{3} =$	$\frac{7}{4} =$	$\frac{21}{10} =$	$\frac{11}{2} =$	$\frac{7}{6} =$	$\frac{24}{8} =$
$\frac{11}{3} =$	$\frac{9}{5} =$	$\frac{4}{2} =$	$\frac{21}{8} =$	$\frac{6}{5} =$	$\frac{12}{3} =$
$\frac{7}{2} =$	$\frac{25}{6} =$	$\frac{10}{9} =$	$\frac{4}{4} =$	$\frac{12}{2} =$	$\frac{16}{15} =$
$\frac{10}{5} =$	$\frac{5}{2} =$	$\frac{7}{3} =$	$\frac{8}{4} =$	$\frac{8}{8} =$	$\frac{27}{10} =$
$\frac{16}{4} =$	$\frac{6}{6} =$	$\frac{25}{12} =$	$\frac{5}{3} =$	$\frac{7}{5} =$	$\frac{16}{9} =$
$\frac{15}{8} =$	$\frac{10}{3} =$	$\frac{33}{10} =$	$\frac{2}{2} =$	$\frac{35}{6} =$	$\frac{25}{8} =$
$\frac{6}{3} =$	$\frac{8}{5} =$	$\frac{9}{4} =$	$\frac{12}{12} =$	$\frac{25}{2} =$	$\frac{9}{2} =$

© Saxon Publishers, Inc., and Stephen Hake

Saxon Math 6/5

FACTS PRACTICE TEST

60 Improper Fractions to Simplify
For use with Lesson 88

Name _____
Time _____

Simplify.

$\frac{15}{2} =$	$\frac{9}{8} =$	$\frac{10}{2} =$	$\frac{18}{6} =$	$\frac{8}{3} =$	$\frac{12}{4} =$
$\frac{10}{10} =$	$\frac{3}{2} =$	$\frac{11}{4} =$	$\frac{4}{3} =$	$\frac{12}{5} =$	$\frac{5}{4} =$
$\frac{12}{6} =$	$\frac{9}{3} =$	$\frac{5}{5} =$	$\frac{15}{4} =$	$\frac{6}{2} =$	$\frac{9}{9} =$
$\frac{3}{3} =$	$\frac{7}{4} =$	$\frac{21}{10} =$	$\frac{11}{2} =$	$\frac{7}{6} =$	$\frac{24}{8} =$
$\frac{11}{3} =$	$\frac{9}{5} =$	$\frac{4}{2} =$	$\frac{21}{8} =$	$\frac{6}{5} =$	$\frac{12}{3} =$
$\frac{7}{2} =$	$\frac{25}{6} =$	$\frac{10}{9} =$	$\frac{4}{4} =$	$\frac{12}{2} =$	$\frac{16}{15} =$
$\frac{10}{5} =$	$\frac{5}{2} =$	$\frac{7}{3} =$	$\frac{8}{4} =$	$\frac{8}{8} =$	$\frac{27}{10} =$
$\frac{16}{4} =$	$\frac{6}{6} =$	$\frac{25}{12} =$	$\frac{5}{3} =$	$\frac{7}{5} =$	$\frac{16}{9} =$
$\frac{15}{8} =$	$\frac{10}{3} =$	$\frac{33}{10} =$	$\frac{2}{2} =$	$\frac{35}{6} =$	$\frac{25}{8} =$
$\frac{6}{3} =$	$\frac{8}{5} =$	$\frac{9}{4} =$	$\frac{12}{12} =$	$\frac{25}{2} =$	$\frac{9}{2} =$

Saxon Math 6/5

FACTS PRACTICE TEST

F | **64 Multiplication Facts**
For use with Lesson 89

Name _____

Time _____

Multiply.

5 × 6	4 × 3	9 × 8	7 × 5	2 × 9	8 × 4	9 × 3	6 × 9
9 × 4	2 × 5	7 × 6	4 × 8	7 × 9	5 × 4	3 × 2	9 × 7
3 × 7	8 × 5	6 × 2	5 × 5	3 × 5	2 × 4	7 × 7	8 × 9
6 × 4	2 × 8	4 × 4	8 × 2	3 × 9	6 × 6	9 × 9	5 × 3
4 × 6	8 × 8	5 × 7	6 × 3	2 × 2	7 × 4	3 × 8	8 × 6
2 × 6	5 × 9	3 × 3	9 × 2	6 × 7	4 × 5	7 × 2	9 × 6
5 × 2	7 × 8	2 × 3	6 × 8	4 × 7	9 × 5	3 × 6	8 × 7
3 × 4	7 × 3	5 × 8	4 × 2	8 × 3	2 × 7	6 × 5	4 × 9

Saxon Math 6/5

FACTS PRACTICE TEST

F | **64 Multiplication Facts**
For use with Lesson 90

Name _____
Time _____

Multiply.

5 × 6	4 × 3	9 × 8	7 × 5	2 × 9	8 × 4	9 × 3	6 × 9
9 × 4	2 × 5	7 × 6	4 × 8	7 × 9	5 × 4	3 × 2	9 × 7
3 × 7	8 × 5	6 × 2	5 × 5	3 × 5	2 × 4	7 × 7	8 × 9
6 × 4	2 × 8	4 × 4	8 × 2	3 × 9	6 × 6	9 × 9	5 × 3
4 × 6	8 × 8	5 × 7	6 × 3	2 × 2	7 × 4	3 × 8	8 × 6
2 × 6	5 × 9	3 × 3	9 × 2	6 × 7	4 × 5	7 × 2	9 × 6
5 × 2	7 × 8	2 × 3	6 × 8	4 × 7	9 × 5	3 × 6	8 × 7
3 × 4	7 × 3	5 × 8	4 × 2	8 × 3	2 × 7	6 × 5	4 × 9

© Saxon Publishers, Inc., and Stephen Hake

Saxon Math 6/5

FACTS PRACTICE TEST

60 Improper Fractions to Simplify
For use with Test 17

Name _____

Time _____

Simplify.

$\frac{15}{2} =$	$\frac{9}{8} =$	$\frac{10}{2} =$	$\frac{18}{6} =$	$\frac{8}{3} =$	$\frac{12}{4} =$
$\frac{10}{10} =$	$\frac{3}{2} =$	$\frac{11}{4} =$	$\frac{4}{3} =$	$\frac{12}{5} =$	$\frac{5}{4} =$
$\frac{12}{6} =$	$\frac{9}{3} =$	$\frac{5}{5} =$	$\frac{15}{4} =$	$\frac{6}{2} =$	$\frac{9}{9} =$
$\frac{3}{3} =$	$\frac{7}{4} =$	$\frac{21}{10} =$	$\frac{11}{2} =$	$\frac{7}{6} =$	$\frac{24}{8} =$
$\frac{11}{3} =$	$\frac{9}{5} =$	$\frac{4}{2} =$	$\frac{21}{8} =$	$\frac{6}{5} =$	$\frac{12}{3} =$
$\frac{7}{2} =$	$\frac{25}{6} =$	$\frac{10}{9} =$	$\frac{4}{4} =$	$\frac{12}{2} =$	$\frac{16}{15} =$
$\frac{10}{5} =$	$\frac{5}{2} =$	$\frac{7}{3} =$	$\frac{8}{4} =$	$\frac{8}{8} =$	$\frac{27}{10} =$
$\frac{16}{4} =$	$\frac{6}{6} =$	$\frac{25}{12} =$	$\frac{5}{3} =$	$\frac{7}{5} =$	$\frac{16}{9} =$
$\frac{15}{8} =$	$\frac{10}{3} =$	$\frac{33}{10} =$	$\frac{2}{2} =$	$\frac{35}{6} =$	$\frac{25}{8} =$
$\frac{6}{3} =$	$\frac{8}{5} =$	$\frac{9}{4} =$	$\frac{12}{12} =$	$\frac{25}{2} =$	$\frac{9}{2} =$

© Saxon Publishers, Inc., and Stephen Hake

Saxon Math 6/5

FACTS PRACTICE TEST

I   **40 Fractions to Reduce**
For use with Lesson 91

Name _____

Time _____

Reduce each fraction to lowest terms.

$\frac{2}{10} =$	$\frac{8}{16} =$	$\frac{2}{6} =$	$\frac{10}{100} =$	$\frac{6}{8} =$
$\frac{10}{15} =$	$\frac{5}{10} =$	$\frac{8}{12} =$	$\frac{9}{15} =$	$\frac{4}{16} =$
$\frac{2}{8} =$	$\frac{4}{10} =$	$\frac{15}{20} =$	$\frac{4}{8} =$	$\frac{4}{6} =$
$\frac{6}{15} =$	$\frac{4}{12} =$	$\frac{25}{100} =$	$\frac{10}{25} =$	$\frac{12}{20} =$
$\frac{20}{100} =$	$\frac{6}{9} =$	$\frac{2}{4} =$	$\frac{3}{12} =$	$\frac{3}{15} =$
$\frac{3}{9} =$	$\frac{2}{12} =$	$\frac{6}{10} =$	$\frac{12}{16} =$	$\frac{50}{100} =$
$\frac{9}{12} =$	$\frac{3}{6} =$	$\frac{5}{15} =$	$\frac{10}{12} =$	$\frac{8}{24} =$
$\frac{12}{15} =$	$\frac{8}{10} =$	$\frac{75}{100} =$	$\frac{6}{12} =$	$\frac{12}{24} =$

Saxon Math 6/5

FACTS PRACTICE TEST

I 40 Fractions to Reduce
For use with Lesson 92

Name _____

Time _____

Reduce each fraction to lowest terms.

$\frac{2}{10} =$	$\frac{8}{16} =$	$\frac{2}{6} =$	$\frac{10}{100} =$	$\frac{6}{8} =$
$\frac{10}{15} =$	$\frac{5}{10} =$	$\frac{8}{12} =$	$\frac{9}{15} =$	$\frac{4}{16} =$
$\frac{2}{8} =$	$\frac{4}{10} =$	$\frac{15}{20} =$	$\frac{4}{8} =$	$\frac{4}{6} =$
$\frac{6}{15} =$	$\frac{4}{12} =$	$\frac{25}{100} =$	$\frac{10}{25} =$	$\frac{12}{20} =$
$\frac{20}{100} =$	$\frac{6}{9} =$	$\frac{2}{4} =$	$\frac{3}{12} =$	$\frac{3}{15} =$
$\frac{3}{9} =$	$\frac{2}{12} =$	$\frac{6}{10} =$	$\frac{12}{16} =$	$\frac{50}{100} =$
$\frac{9}{12} =$	$\frac{3}{6} =$	$\frac{5}{15} =$	$\frac{10}{12} =$	$\frac{8}{24} =$
$\frac{12}{15} =$	$\frac{8}{10} =$	$\frac{75}{100} =$	$\frac{6}{12} =$	$\frac{12}{24} =$

© Saxon Publishers, Inc., and Stephen Hake

Saxon Math 6/5

FACTS PRACTICE TEST

I 40 Fractions to Reduce
For use with Lesson 93

Name _____

Time _____

Reduce each fraction to lowest terms.

$\frac{2}{10} =$	$\frac{8}{16} =$	$\frac{2}{6} =$	$\frac{10}{100} =$	$\frac{6}{8} =$
$\frac{10}{15} =$	$\frac{5}{10} =$	$\frac{8}{12} =$	$\frac{9}{15} =$	$\frac{4}{16} =$
$\frac{2}{8} =$	$\frac{4}{10} =$	$\frac{15}{20} =$	$\frac{4}{8} =$	$\frac{4}{6} =$
$\frac{6}{15} =$	$\frac{4}{12} =$	$\frac{25}{100} =$	$\frac{10}{25} =$	$\frac{12}{20} =$
$\frac{20}{100} =$	$\frac{6}{9} =$	$\frac{2}{4} =$	$\frac{3}{12} =$	$\frac{3}{15} =$
$\frac{3}{9} =$	$\frac{2}{12} =$	$\frac{6}{10} =$	$\frac{12}{16} =$	$\frac{50}{100} =$
$\frac{9}{12} =$	$\frac{3}{6} =$	$\frac{5}{15} =$	$\frac{10}{12} =$	$\frac{8}{24} =$
$\frac{12}{15} =$	$\frac{8}{10} =$	$\frac{75}{100} =$	$\frac{6}{12} =$	$\frac{12}{24} =$

© Saxon Publishers, Inc., and Stephen Hake

Saxon Math 6/5

FACTS PRACTICE TEST

I — 40 Fractions to Reduce
For use with Lesson 94

Name _____

Time _____

Reduce each fraction to lowest terms.

$\frac{2}{10} =$	$\frac{8}{16} =$	$\frac{2}{6} =$	$\frac{10}{100} =$	$\frac{6}{8} =$
$\frac{10}{15} =$	$\frac{5}{10} =$	$\frac{8}{12} =$	$\frac{9}{15} =$	$\frac{4}{16} =$
$\frac{2}{8} =$	$\frac{4}{10} =$	$\frac{15}{20} =$	$\frac{4}{8} =$	$\frac{4}{6} =$
$\frac{6}{15} =$	$\frac{4}{12} =$	$\frac{25}{100} =$	$\frac{10}{25} =$	$\frac{12}{20} =$
$\frac{20}{100} =$	$\frac{6}{9} =$	$\frac{2}{4} =$	$\frac{3}{12} =$	$\frac{3}{15} =$
$\frac{3}{9} =$	$\frac{2}{12} =$	$\frac{6}{10} =$	$\frac{12}{16} =$	$\frac{50}{100} =$
$\frac{9}{12} =$	$\frac{3}{6} =$	$\frac{5}{15} =$	$\frac{10}{12} =$	$\frac{8}{24} =$
$\frac{12}{15} =$	$\frac{8}{10} =$	$\frac{75}{100} =$	$\frac{6}{12} =$	$\frac{12}{24} =$

Saxon Math 6/5

FACTS PRACTICE TEST

I — 40 Fractions to Reduce
For use with Lesson 95

Name _____
Time _____

Reduce each fraction to lowest terms.

$\frac{2}{10} =$	$\frac{8}{16} =$	$\frac{2}{6} =$	$\frac{10}{100} =$	$\frac{6}{8} =$
$\frac{10}{15} =$	$\frac{5}{10} =$	$\frac{8}{12} =$	$\frac{9}{15} =$	$\frac{4}{16} =$
$\frac{2}{8} =$	$\frac{4}{10} =$	$\frac{15}{20} =$	$\frac{4}{8} =$	$\frac{4}{6} =$
$\frac{6}{15} =$	$\frac{4}{12} =$	$\frac{25}{100} =$	$\frac{10}{25} =$	$\frac{12}{20} =$
$\frac{20}{100} =$	$\frac{6}{9} =$	$\frac{2}{4} =$	$\frac{3}{12} =$	$\frac{3}{15} =$
$\frac{3}{9} =$	$\frac{2}{12} =$	$\frac{6}{10} =$	$\frac{12}{16} =$	$\frac{50}{100} =$
$\frac{9}{12} =$	$\frac{3}{6} =$	$\frac{5}{15} =$	$\frac{10}{12} =$	$\frac{8}{24} =$
$\frac{12}{15} =$	$\frac{8}{10} =$	$\frac{75}{100} =$	$\frac{6}{12} =$	$\frac{12}{24} =$

Saxon Math 6/5

FACTS PRACTICE TEST

I **40 Fractions to Reduce**
For use with Test 18

Name _____

Time _____

Reduce each fraction to lowest terms.

$\frac{2}{10} =$	$\frac{8}{16} =$	$\frac{2}{6} =$	$\frac{10}{100} =$	$\frac{6}{8} =$
$\frac{10}{15} =$	$\frac{5}{10} =$	$\frac{8}{12} =$	$\frac{9}{15} =$	$\frac{4}{16} =$
$\frac{2}{8} =$	$\frac{4}{10} =$	$\frac{15}{20} =$	$\frac{4}{8} =$	$\frac{4}{6} =$
$\frac{6}{15} =$	$\frac{4}{12} =$	$\frac{25}{100} =$	$\frac{10}{25} =$	$\frac{12}{20} =$
$\frac{20}{100} =$	$\frac{6}{9} =$	$\frac{2}{4} =$	$\frac{3}{12} =$	$\frac{3}{15} =$
$\frac{3}{9} =$	$\frac{2}{12} =$	$\frac{6}{10} =$	$\frac{12}{16} =$	$\frac{50}{100} =$
$\frac{9}{12} =$	$\frac{3}{6} =$	$\frac{5}{15} =$	$\frac{10}{12} =$	$\frac{8}{24} =$
$\frac{12}{15} =$	$\frac{8}{10} =$	$\frac{75}{100} =$	$\frac{6}{12} =$	$\frac{12}{24} =$

Saxon Math 6/5

FACTS PRACTICE TEST

I **40 Fractions to Reduce**
For use with Lesson 96

Name _____

Time _____

Reduce each fraction to lowest terms.

$\frac{2}{10} =$	$\frac{8}{16} =$	$\frac{2}{6} =$	$\frac{10}{100} =$	$\frac{6}{8} =$
$\frac{10}{15} =$	$\frac{5}{10} =$	$\frac{8}{12} =$	$\frac{9}{15} =$	$\frac{4}{16} =$
$\frac{2}{8} =$	$\frac{4}{10} =$	$\frac{15}{20} =$	$\frac{4}{8} =$	$\frac{4}{6} =$
$\frac{6}{15} =$	$\frac{4}{12} =$	$\frac{25}{100} =$	$\frac{10}{25} =$	$\frac{12}{20} =$
$\frac{20}{100} =$	$\frac{6}{9} =$	$\frac{2}{4} =$	$\frac{3}{12} =$	$\frac{3}{15} =$
$\frac{3}{9} =$	$\frac{2}{12} =$	$\frac{6}{10} =$	$\frac{12}{16} =$	$\frac{50}{100} =$
$\frac{9}{12} =$	$\frac{3}{6} =$	$\frac{5}{15} =$	$\frac{10}{12} =$	$\frac{8}{24} =$
$\frac{12}{15} =$	$\frac{8}{10} =$	$\frac{75}{100} =$	$\frac{6}{12} =$	$\frac{12}{24} =$

Saxon Math 6/5

FACTS PRACTICE TEST

I | 40 Fractions to Reduce
For use with Lesson 97

Name _____

Time _____

Reduce each fraction to lowest terms.

$\frac{2}{10}=$	$\frac{8}{16}=$	$\frac{2}{6}=$	$\frac{10}{100}=$	$\frac{6}{8}=$
$\frac{10}{15}=$	$\frac{5}{10}=$	$\frac{8}{12}=$	$\frac{9}{15}=$	$\frac{4}{16}=$
$\frac{2}{8}=$	$\frac{4}{10}=$	$\frac{15}{20}=$	$\frac{4}{8}=$	$\frac{4}{6}=$
$\frac{6}{15}=$	$\frac{4}{12}=$	$\frac{25}{100}=$	$\frac{10}{25}=$	$\frac{12}{20}=$
$\frac{20}{100}=$	$\frac{6}{9}=$	$\frac{2}{4}=$	$\frac{3}{12}=$	$\frac{3}{15}=$
$\frac{3}{9}=$	$\frac{2}{12}=$	$\frac{6}{10}=$	$\frac{12}{16}=$	$\frac{50}{100}=$
$\frac{9}{12}=$	$\frac{3}{6}=$	$\frac{5}{15}=$	$\frac{10}{12}=$	$\frac{8}{24}=$
$\frac{12}{15}=$	$\frac{8}{10}=$	$\frac{75}{100}=$	$\frac{6}{12}=$	$\frac{12}{24}=$

© Saxon Publishers, Inc., and Stephen Hake

Saxon Math 6/5

FACTS PRACTICE TEST

I   **40 Fractions to Reduce**
For use with Lesson 98

Name _____

Time _____

Reduce each fraction to lowest terms.

$\frac{2}{10} =$	$\frac{8}{16} =$	$\frac{2}{6} =$	$\frac{10}{100} =$	$\frac{6}{8} =$
$\frac{10}{15} =$	$\frac{5}{10} =$	$\frac{8}{12} =$	$\frac{9}{15} =$	$\frac{4}{16} =$
$\frac{2}{8} =$	$\frac{4}{10} =$	$\frac{15}{20} =$	$\frac{4}{8} =$	$\frac{4}{6} =$
$\frac{6}{15} =$	$\frac{4}{12} =$	$\frac{25}{100} =$	$\frac{10}{25} =$	$\frac{12}{20} =$
$\frac{20}{100} =$	$\frac{6}{9} =$	$\frac{2}{4} =$	$\frac{3}{12} =$	$\frac{3}{15} =$
$\frac{3}{9} =$	$\frac{2}{12} =$	$\frac{6}{10} =$	$\frac{12}{16} =$	$\frac{50}{100} =$
$\frac{9}{12} =$	$\frac{3}{6} =$	$\frac{5}{15} =$	$\frac{10}{12} =$	$\frac{8}{24} =$
$\frac{12}{15} =$	$\frac{8}{10} =$	$\frac{75}{100} =$	$\frac{6}{12} =$	$\frac{12}{24} =$

© Saxon Publishers, Inc., and Stephen Hake

Saxon Math 6/5

FACTS PRACTICE TEST

I | **40 Fractions to Reduce**
For use with Lesson 99

Name _____
Time _____

Reduce each fraction to lowest terms.

$\frac{2}{10} =$	$\frac{8}{16} =$	$\frac{2}{6} =$	$\frac{10}{100} =$	$\frac{6}{8} =$
$\frac{10}{15} =$	$\frac{5}{10} =$	$\frac{8}{12} =$	$\frac{9}{15} =$	$\frac{4}{16} =$
$\frac{2}{8} =$	$\frac{4}{10} =$	$\frac{15}{20} =$	$\frac{4}{8} =$	$\frac{4}{6} =$
$\frac{6}{15} =$	$\frac{4}{12} =$	$\frac{25}{100} =$	$\frac{10}{25} =$	$\frac{12}{20} =$
$\frac{20}{100} =$	$\frac{6}{9} =$	$\frac{2}{4} =$	$\frac{3}{12} =$	$\frac{3}{15} =$
$\frac{3}{9} =$	$\frac{2}{12} =$	$\frac{6}{10} =$	$\frac{12}{16} =$	$\frac{50}{100} =$
$\frac{9}{12} =$	$\frac{3}{6} =$	$\frac{5}{15} =$	$\frac{10}{12} =$	$\frac{8}{24} =$
$\frac{12}{15} =$	$\frac{8}{10} =$	$\frac{75}{100} =$	$\frac{6}{12} =$	$\frac{12}{24} =$

© Saxon Publishers, Inc., and Stephen Hake

Saxon Math 6/5

FACTS PRACTICE TEST

I — 40 Fractions to Reduce
For use with Lesson 100

Name _____

Time _____

Reduce each fraction to lowest terms.

$\dfrac{2}{10} =$	$\dfrac{8}{16} =$	$\dfrac{2}{6} =$	$\dfrac{10}{100} =$	$\dfrac{6}{8} =$
$\dfrac{10}{15} =$	$\dfrac{5}{10} =$	$\dfrac{8}{12} =$	$\dfrac{9}{15} =$	$\dfrac{4}{16} =$
$\dfrac{2}{8} =$	$\dfrac{4}{10} =$	$\dfrac{15}{20} =$	$\dfrac{4}{8} =$	$\dfrac{4}{6} =$
$\dfrac{6}{15} =$	$\dfrac{4}{12} =$	$\dfrac{25}{100} =$	$\dfrac{10}{25} =$	$\dfrac{12}{20} =$
$\dfrac{20}{100} =$	$\dfrac{6}{9} =$	$\dfrac{2}{4} =$	$\dfrac{3}{12} =$	$\dfrac{3}{15} =$
$\dfrac{3}{9} =$	$\dfrac{2}{12} =$	$\dfrac{6}{10} =$	$\dfrac{12}{16} =$	$\dfrac{50}{100} =$
$\dfrac{9}{12} =$	$\dfrac{3}{6} =$	$\dfrac{5}{15} =$	$\dfrac{10}{12} =$	$\dfrac{8}{24} =$
$\dfrac{12}{15} =$	$\dfrac{8}{10} =$	$\dfrac{75}{100} =$	$\dfrac{6}{12} =$	$\dfrac{12}{24} =$

Saxon Math 6/5

FACTS PRACTICE TEST

I   40 Fractions to Reduce
For use with Test 19

Name _____

Time _____

Reduce each fraction to lowest terms.

$\frac{2}{10} =$	$\frac{8}{16} =$	$\frac{2}{6} =$	$\frac{10}{100} =$	$\frac{6}{8} =$
$\frac{10}{15} =$	$\frac{5}{10} =$	$\frac{8}{12} =$	$\frac{9}{15} =$	$\frac{4}{16} =$
$\frac{2}{8} =$	$\frac{4}{10} =$	$\frac{15}{20} =$	$\frac{4}{8} =$	$\frac{4}{6} =$
$\frac{6}{15} =$	$\frac{4}{12} =$	$\frac{25}{100} =$	$\frac{10}{25} =$	$\frac{12}{20} =$
$\frac{20}{100} =$	$\frac{6}{9} =$	$\frac{2}{4} =$	$\frac{3}{12} =$	$\frac{3}{15} =$
$\frac{3}{9} =$	$\frac{2}{12} =$	$\frac{6}{10} =$	$\frac{12}{16} =$	$\frac{50}{100} =$
$\frac{9}{12} =$	$\frac{3}{6} =$	$\frac{5}{15} =$	$\frac{10}{12} =$	$\frac{8}{24} =$
$\frac{12}{15} =$	$\frac{8}{10} =$	$\frac{75}{100} =$	$\frac{6}{12} =$	$\frac{12}{24} =$

Saxon Math 6/5

FACTS PRACTICE TEST

J — 50 Fractions to Simplify
For use with Lesson 101

Name _____

Time _____

Simplify.

$\frac{16}{20} =$	$\frac{6}{4} =$	$\frac{4}{6} =$	$\frac{10}{8} =$	$\frac{3}{12} =$
$\frac{12}{9} =$	$\frac{2}{4} =$	$\frac{12}{10} =$	$\frac{12}{4} =$	$\frac{12}{8} =$
$\frac{8}{3} =$	$\frac{8}{6} =$	$\frac{4}{12} =$	$\frac{10}{4} =$	$\frac{4}{10} =$
$\frac{20}{8} =$	$\frac{4}{8} =$	$\frac{20}{9} =$	$\frac{24}{6} =$	$\frac{9}{6} =$
$\frac{15}{10} =$	$\frac{5}{2} =$	$\frac{12}{20} =$	$\frac{15}{9} =$	$\frac{8}{12} =$
$\frac{4}{20} =$	$\frac{8}{24} =$	$\frac{10}{6} =$	$\frac{3}{6} =$	$\frac{16}{10} =$
$\frac{2}{8} =$	$\frac{20}{6} =$	$\frac{6}{3} =$	$\frac{25}{12} =$	$\frac{9}{12} =$
$\frac{10}{2} =$	$\frac{8}{8} =$	$\frac{50}{100} =$	$\frac{6}{12} =$	$\frac{15}{6} =$
$\frac{10}{3} =$	$\frac{10}{20} =$	$\frac{24}{9} =$	$\frac{6}{8} =$	$\frac{16}{5} =$
$\frac{5}{10} =$	$\frac{14}{8} =$	$\frac{15}{2} =$	$\frac{21}{6} =$	$\frac{16}{24} =$

Saxon Math 6/5

FACTS PRACTICE TEST

50 Fractions to Simplify
For use with Lesson 102

Name _____
Time _____

Simplify.

$\frac{16}{20} =$	$\frac{6}{4} =$	$\frac{4}{6} =$	$\frac{10}{8} =$	$\frac{3}{12} =$
$\frac{12}{9} =$	$\frac{2}{4} =$	$\frac{12}{10} =$	$\frac{12}{4} =$	$\frac{12}{8} =$
$\frac{8}{3} =$	$\frac{8}{6} =$	$\frac{4}{12} =$	$\frac{10}{4} =$	$\frac{4}{10} =$
$\frac{20}{8} =$	$\frac{4}{8} =$	$\frac{20}{9} =$	$\frac{24}{6} =$	$\frac{9}{6} =$
$\frac{15}{10} =$	$\frac{5}{2} =$	$\frac{12}{20} =$	$\frac{15}{9} =$	$\frac{8}{12} =$
$\frac{4}{20} =$	$\frac{8}{24} =$	$\frac{10}{6} =$	$\frac{3}{6} =$	$\frac{16}{10} =$
$\frac{2}{8} =$	$\frac{20}{6} =$	$\frac{6}{3} =$	$\frac{25}{12} =$	$\frac{9}{12} =$
$\frac{10}{2} =$	$\frac{8}{8} =$	$\frac{50}{100} =$	$\frac{6}{12} =$	$\frac{15}{6} =$
$\frac{10}{3} =$	$\frac{10}{20} =$	$\frac{24}{9} =$	$\frac{6}{8} =$	$\frac{16}{5} =$
$\frac{5}{10} =$	$\frac{14}{8} =$	$\frac{15}{2} =$	$\frac{21}{6} =$	$\frac{16}{24} =$

© Saxon Publishers, Inc., and Stephen Hake

Saxon Math 6/5

FACTS PRACTICE TEST

50 Fractions to Simplify
For use with Lesson 103

Name _____
Time _____

Simplify.

$\frac{16}{20} =$	$\frac{6}{4} =$	$\frac{4}{6} =$	$\frac{10}{8} =$	$\frac{3}{12} =$
$\frac{12}{9} =$	$\frac{2}{4} =$	$\frac{12}{10} =$	$\frac{12}{4} =$	$\frac{12}{8} =$
$\frac{8}{3} =$	$\frac{8}{6} =$	$\frac{4}{12} =$	$\frac{10}{4} =$	$\frac{4}{10} =$
$\frac{20}{8} =$	$\frac{4}{8} =$	$\frac{20}{9} =$	$\frac{24}{6} =$	$\frac{9}{6} =$
$\frac{15}{10} =$	$\frac{5}{2} =$	$\frac{12}{20} =$	$\frac{15}{9} =$	$\frac{8}{12} =$
$\frac{4}{20} =$	$\frac{8}{24} =$	$\frac{10}{6} =$	$\frac{3}{6} =$	$\frac{16}{10} =$
$\frac{2}{8} =$	$\frac{20}{6} =$	$\frac{6}{3} =$	$\frac{25}{12} =$	$\frac{9}{12} =$
$\frac{10}{2} =$	$\frac{8}{8} =$	$\frac{50}{100} =$	$\frac{6}{12} =$	$\frac{15}{6} =$
$\frac{10}{3} =$	$\frac{10}{20} =$	$\frac{24}{9} =$	$\frac{6}{8} =$	$\frac{16}{5} =$
$\frac{5}{10} =$	$\frac{14}{8} =$	$\frac{15}{2} =$	$\frac{21}{6} =$	$\frac{16}{24} =$

Saxon Math 6/5

FACTS PRACTICE TEST

50 Fractions to Simplify
For use with Lesson 104

Name _____

Time _____

Simplify.

$\frac{16}{20} =$	$\frac{6}{4} =$	$\frac{4}{6} =$	$\frac{10}{8} =$	$\frac{3}{12} =$
$\frac{12}{9} =$	$\frac{2}{4} =$	$\frac{12}{10} =$	$\frac{12}{4} =$	$\frac{12}{8} =$
$\frac{8}{3} =$	$\frac{8}{6} =$	$\frac{4}{12} =$	$\frac{10}{4} =$	$\frac{4}{10} =$
$\frac{20}{8} =$	$\frac{4}{8} =$	$\frac{20}{9} =$	$\frac{24}{6} =$	$\frac{9}{6} =$
$\frac{15}{10} =$	$\frac{5}{2} =$	$\frac{12}{20} =$	$\frac{15}{9} =$	$\frac{8}{12} =$
$\frac{4}{20} =$	$\frac{8}{24} =$	$\frac{10}{6} =$	$\frac{3}{6} =$	$\frac{16}{10} =$
$\frac{2}{8} =$	$\frac{20}{6} =$	$\frac{6}{3} =$	$\frac{25}{12} =$	$\frac{9}{12} =$
$\frac{10}{2} =$	$\frac{8}{8} =$	$\frac{50}{100} =$	$\frac{6}{12} =$	$\frac{15}{6} =$
$\frac{10}{3} =$	$\frac{10}{20} =$	$\frac{24}{9} =$	$\frac{6}{8} =$	$\frac{16}{5} =$
$\frac{5}{10} =$	$\frac{14}{8} =$	$\frac{15}{2} =$	$\frac{21}{6} =$	$\frac{16}{24} =$

© Saxon Publishers, Inc., and Stephen Hake

Saxon Math 6/5

FACTS PRACTICE TEST

50 Fractions to Simplify
For use with Lesson 105

Name _____
Time _____

Simplify.

$\frac{16}{20} =$	$\frac{6}{4} =$	$\frac{4}{6} =$	$\frac{10}{8} =$	$\frac{3}{12} =$
$\frac{12}{9} =$	$\frac{2}{4} =$	$\frac{12}{10} =$	$\frac{12}{4} =$	$\frac{12}{8} =$
$\frac{8}{3} =$	$\frac{8}{6} =$	$\frac{4}{12} =$	$\frac{10}{4} =$	$\frac{4}{10} =$
$\frac{20}{8} =$	$\frac{4}{8} =$	$\frac{20}{9} =$	$\frac{24}{6} =$	$\frac{9}{6} =$
$\frac{15}{10} =$	$\frac{5}{2} =$	$\frac{12}{20} =$	$\frac{15}{9} =$	$\frac{8}{12} =$
$\frac{4}{20} =$	$\frac{8}{24} =$	$\frac{10}{6} =$	$\frac{3}{6} =$	$\frac{16}{10} =$
$\frac{2}{8} =$	$\frac{20}{6} =$	$\frac{6}{3} =$	$\frac{25}{12} =$	$\frac{9}{12} =$
$\frac{10}{2} =$	$\frac{8}{8} =$	$\frac{50}{100} =$	$\frac{6}{12} =$	$\frac{15}{6} =$
$\frac{10}{3} =$	$\frac{10}{20} =$	$\frac{24}{9} =$	$\frac{6}{8} =$	$\frac{16}{5} =$
$\frac{5}{10} =$	$\frac{14}{8} =$	$\frac{15}{2} =$	$\frac{21}{6} =$	$\frac{16}{24} =$

© Saxon Publishers, Inc., and Stephen Hake

Saxon Math 6/5

FACTS PRACTICE TEST

J **50 Fractions to Simplify**
For use with Test 20

Name _____
Time _____

Simplify.

$\frac{16}{20} =$	$\frac{6}{4} =$	$\frac{4}{6} =$	$\frac{10}{8} =$	$\frac{3}{12} =$
$\frac{12}{9} =$	$\frac{2}{4} =$	$\frac{12}{10} =$	$\frac{12}{4} =$	$\frac{12}{8} =$
$\frac{8}{3} =$	$\frac{8}{6} =$	$\frac{4}{12} =$	$\frac{10}{4} =$	$\frac{4}{10} =$
$\frac{20}{8} =$	$\frac{4}{8} =$	$\frac{20}{9} =$	$\frac{24}{6} =$	$\frac{9}{6} =$
$\frac{15}{10} =$	$\frac{5}{2} =$	$\frac{12}{20} =$	$\frac{15}{9} =$	$\frac{8}{12} =$
$\frac{4}{20} =$	$\frac{8}{24} =$	$\frac{10}{6} =$	$\frac{3}{6} =$	$\frac{16}{10} =$
$\frac{2}{8} =$	$\frac{20}{6} =$	$\frac{6}{3} =$	$\frac{25}{12} =$	$\frac{9}{12} =$
$\frac{10}{2} =$	$\frac{8}{8} =$	$\frac{50}{100} =$	$\frac{6}{12} =$	$\frac{15}{6} =$
$\frac{10}{3} =$	$\frac{10}{20} =$	$\frac{24}{9} =$	$\frac{6}{8} =$	$\frac{16}{5} =$
$\frac{5}{10} =$	$\frac{14}{8} =$	$\frac{15}{2} =$	$\frac{21}{6} =$	$\frac{16}{24} =$

Saxon Math 6/5

FACTS PRACTICE TEST

J **50 Fractions to Simplify**
For use with Lesson 106

Name _____
Time _____

Simplify.

$\frac{16}{20} =$	$\frac{6}{4} =$	$\frac{4}{6} =$	$\frac{10}{8} =$	$\frac{3}{12} =$
$\frac{12}{9} =$	$\frac{2}{4} =$	$\frac{12}{10} =$	$\frac{12}{4} =$	$\frac{12}{8} =$
$\frac{8}{3} =$	$\frac{8}{6} =$	$\frac{4}{12} =$	$\frac{10}{4} =$	$\frac{4}{10} =$
$\frac{20}{8} =$	$\frac{4}{8} =$	$\frac{20}{9} =$	$\frac{24}{6} =$	$\frac{9}{6} =$
$\frac{15}{10} =$	$\frac{5}{2} =$	$\frac{12}{20} =$	$\frac{15}{9} =$	$\frac{8}{12} =$
$\frac{4}{20} =$	$\frac{8}{24} =$	$\frac{10}{6} =$	$\frac{3}{6} =$	$\frac{16}{10} =$
$\frac{2}{8} =$	$\frac{20}{6} =$	$\frac{6}{3} =$	$\frac{25}{12} =$	$\frac{9}{12} =$
$\frac{10}{2} =$	$\frac{8}{8} =$	$\frac{50}{100} =$	$\frac{6}{12} =$	$\frac{15}{6} =$
$\frac{10}{3} =$	$\frac{10}{20} =$	$\frac{24}{9} =$	$\frac{6}{8} =$	$\frac{16}{5} =$
$\frac{5}{10} =$	$\frac{14}{8} =$	$\frac{15}{2} =$	$\frac{21}{6} =$	$\frac{16}{24} =$

© Saxon Publishers, Inc., and Stephen Hake

Saxon Math 6/5

FACTS PRACTICE TEST

50 Fractions to Simplify
For use with Lesson 107

Name _____
Time _____

Simplify.

$\frac{16}{20} =$	$\frac{6}{4} =$	$\frac{4}{6} =$	$\frac{10}{8} =$	$\frac{3}{12} =$
$\frac{12}{9} =$	$\frac{2}{4} =$	$\frac{12}{10} =$	$\frac{12}{4} =$	$\frac{12}{8} =$
$\frac{8}{3} =$	$\frac{8}{6} =$	$\frac{4}{12} =$	$\frac{10}{4} =$	$\frac{4}{10} =$
$\frac{20}{8} =$	$\frac{4}{8} =$	$\frac{20}{9} =$	$\frac{24}{6} =$	$\frac{9}{6} =$
$\frac{15}{10} =$	$\frac{5}{2} =$	$\frac{12}{20} =$	$\frac{15}{9} =$	$\frac{8}{12} =$
$\frac{4}{20} =$	$\frac{8}{24} =$	$\frac{10}{6} =$	$\frac{3}{6} =$	$\frac{16}{10} =$
$\frac{2}{8} =$	$\frac{20}{6} =$	$\frac{6}{3} =$	$\frac{25}{12} =$	$\frac{9}{12} =$
$\frac{10}{2} =$	$\frac{8}{8} =$	$\frac{50}{100} =$	$\frac{6}{12} =$	$\frac{15}{6} =$
$\frac{10}{3} =$	$\frac{10}{20} =$	$\frac{24}{9} =$	$\frac{6}{8} =$	$\frac{16}{5} =$
$\frac{5}{10} =$	$\frac{14}{8} =$	$\frac{15}{2} =$	$\frac{21}{6} =$	$\frac{16}{24} =$

© Saxon Publishers, Inc., and Stephen Hake

Saxon Math 6/5

FACTS PRACTICE TEST

50 Fractions to Simplify
For use with Lesson 108

Name _____
Time _____

Simplify.

$\frac{16}{20} =$	$\frac{6}{4} =$	$\frac{4}{6} =$	$\frac{10}{8} =$	$\frac{3}{12} =$
$\frac{12}{9} =$	$\frac{2}{4} =$	$\frac{12}{10} =$	$\frac{12}{4} =$	$\frac{12}{8} =$
$\frac{8}{3} =$	$\frac{8}{6} =$	$\frac{4}{12} =$	$\frac{10}{4} =$	$\frac{4}{10} =$
$\frac{20}{8} =$	$\frac{4}{8} =$	$\frac{20}{9} =$	$\frac{24}{6} =$	$\frac{9}{6} =$
$\frac{15}{10} =$	$\frac{5}{2} =$	$\frac{12}{20} =$	$\frac{15}{9} =$	$\frac{8}{12} =$
$\frac{4}{20} =$	$\frac{8}{24} =$	$\frac{10}{6} =$	$\frac{3}{6} =$	$\frac{16}{10} =$
$\frac{2}{8} =$	$\frac{20}{6} =$	$\frac{6}{3} =$	$\frac{25}{12} =$	$\frac{9}{12} =$
$\frac{10}{2} =$	$\frac{8}{8} =$	$\frac{50}{100} =$	$\frac{6}{12} =$	$\frac{15}{6} =$
$\frac{10}{3} =$	$\frac{10}{20} =$	$\frac{24}{9} =$	$\frac{6}{8} =$	$\frac{16}{5} =$
$\frac{5}{10} =$	$\frac{14}{8} =$	$\frac{15}{2} =$	$\frac{21}{6} =$	$\frac{16}{24} =$

© Saxon Publishers, Inc., and Stephen Hake

Saxon Math 6/5

FACTS PRACTICE TEST

J **50 Fractions to Simplify**
For use with Lesson 109

Name _____
Time _____

Simplify.

$\frac{16}{20} =$	$\frac{6}{4} =$	$\frac{4}{6} =$	$\frac{10}{8} =$	$\frac{3}{12} =$
$\frac{12}{9} =$	$\frac{2}{4} =$	$\frac{12}{10} =$	$\frac{12}{4} =$	$\frac{12}{8} =$
$\frac{8}{3} =$	$\frac{8}{6} =$	$\frac{4}{12} =$	$\frac{10}{4} =$	$\frac{4}{10} =$
$\frac{20}{8} =$	$\frac{4}{8} =$	$\frac{20}{9} =$	$\frac{24}{6} =$	$\frac{9}{6} =$
$\frac{15}{10} =$	$\frac{5}{2} =$	$\frac{12}{20} =$	$\frac{15}{9} =$	$\frac{8}{12} =$
$\frac{4}{20} =$	$\frac{8}{24} =$	$\frac{10}{6} =$	$\frac{3}{6} =$	$\frac{16}{10} =$
$\frac{2}{8} =$	$\frac{20}{6} =$	$\frac{6}{3} =$	$\frac{25}{12} =$	$\frac{9}{12} =$
$\frac{10}{2} =$	$\frac{8}{8} =$	$\frac{50}{100} =$	$\frac{6}{12} =$	$\frac{15}{6} =$
$\frac{10}{3} =$	$\frac{10}{20} =$	$\frac{24}{9} =$	$\frac{6}{8} =$	$\frac{16}{5} =$
$\frac{5}{10} =$	$\frac{14}{8} =$	$\frac{15}{2} =$	$\frac{21}{6} =$	$\frac{16}{24} =$

Saxon Math 6/5

FACTS PRACTICE TEST

J **50 Fractions to Simplify**
For use with Lesson 110

Name _____

Time _____

Simplify.

$\frac{16}{20} =$	$\frac{6}{4} =$	$\frac{4}{6} =$	$\frac{10}{8} =$	$\frac{3}{12} =$
$\frac{12}{9} =$	$\frac{2}{4} =$	$\frac{12}{10} =$	$\frac{12}{4} =$	$\frac{12}{8} =$
$\frac{8}{3} =$	$\frac{8}{6} =$	$\frac{4}{12} =$	$\frac{10}{4} =$	$\frac{4}{10} =$
$\frac{20}{8} =$	$\frac{4}{8} =$	$\frac{20}{9} =$	$\frac{24}{6} =$	$\frac{9}{6} =$
$\frac{15}{10} =$	$\frac{5}{2} =$	$\frac{12}{20} =$	$\frac{15}{9} =$	$\frac{8}{12} =$
$\frac{4}{20} =$	$\frac{8}{24} =$	$\frac{10}{6} =$	$\frac{3}{6} =$	$\frac{16}{10} =$
$\frac{2}{8} =$	$\frac{20}{6} =$	$\frac{6}{3} =$	$\frac{25}{12} =$	$\frac{9}{12} =$
$\frac{10}{2} =$	$\frac{8}{8} =$	$\frac{50}{100} =$	$\frac{6}{12} =$	$\frac{15}{6} =$
$\frac{10}{3} =$	$\frac{10}{20} =$	$\frac{24}{9} =$	$\frac{6}{8} =$	$\frac{16}{5} =$
$\frac{5}{10} =$	$\frac{14}{8} =$	$\frac{15}{2} =$	$\frac{21}{6} =$	$\frac{16}{24} =$

© Saxon Publishers, Inc., and Stephen Hake

Saxon Math 6/5

FACTS PRACTICE TEST

J **50 Fractions to Simplify**
For use with Test 21

Name _____
Time _____

Simplify.

$\frac{16}{20} =$	$\frac{6}{4} =$	$\frac{4}{6} =$	$\frac{10}{8} =$	$\frac{3}{12} =$
$\frac{12}{9} =$	$\frac{2}{4} =$	$\frac{12}{10} =$	$\frac{12}{4} =$	$\frac{12}{8} =$
$\frac{8}{3} =$	$\frac{8}{6} =$	$\frac{4}{12} =$	$\frac{10}{4} =$	$\frac{4}{10} =$
$\frac{20}{8} =$	$\frac{4}{8} =$	$\frac{20}{9} =$	$\frac{24}{6} =$	$\frac{9}{6} =$
$\frac{15}{10} =$	$\frac{5}{2} =$	$\frac{12}{20} =$	$\frac{15}{9} =$	$\frac{8}{12} =$
$\frac{4}{20} =$	$\frac{8}{24} =$	$\frac{10}{6} =$	$\frac{3}{6} =$	$\frac{16}{10} =$
$\frac{2}{8} =$	$\frac{20}{6} =$	$\frac{6}{3} =$	$\frac{25}{12} =$	$\frac{9}{12} =$
$\frac{10}{2} =$	$\frac{8}{8} =$	$\frac{50}{100} =$	$\frac{6}{12} =$	$\frac{15}{6} =$
$\frac{10}{3} =$	$\frac{10}{20} =$	$\frac{24}{9} =$	$\frac{6}{8} =$	$\frac{16}{5} =$
$\frac{5}{10} =$	$\frac{14}{8} =$	$\frac{15}{2} =$	$\frac{21}{6} =$	$\frac{16}{24} =$

© Saxon Publishers, Inc., and Stephen Hake

Saxon Math 6/5

FACTS PRACTICE TEST

30 Percents to Write as Fractions
For use with Lesson 111

Name _____

Time _____

Write each percent as a reduced fraction.

1% =	20% =	55% =	90% =	75% =
99% =	5% =	95% =	80% =	12% =
70% =	65% =	50% =	2% =	48% =
24% =	25% =	98% =	40% =	15% =
60% =	30% =	4% =	35% =	36% =
45% =	8% =	10% =	21% =	85% =

Saxon Math 6/5

FACTS PRACTICE TEST

30 Percents to Write as Fractions
For use with Lesson 112

Name _____
Time _____

Write each percent as a reduced fraction.

1% =	20% =	55% =	90% =	75% =
99% =	5% =	95% =	80% =	12% =
70% =	65% =	50% =	2% =	48% =
24% =	25% =	98% =	40% =	15% =
60% =	30% =	4% =	35% =	36% =
45% =	8% =	10% =	21% =	85% =

Saxon Math 6/5

FACTS PRACTICE TEST

30 Percents to Write as Fractions
For use with Lesson 113

Name _____

Time _____

Write each percent as a reduced fraction.

1% =	20% =	55% =	90% =	75% =
99% =	5% =	95% =	80% =	12% =
70% =	65% =	50% =	2% =	48% =
24% =	25% =	98% =	40% =	15% =
60% =	30% =	4% =	35% =	36% =
45% =	8% =	10% =	21% =	85% =

Saxon Math 6/5

FACTS PRACTICE TEST

K — **30 Percents to Write as Fractions**
For use with Lesson 114

Name _____

Time _____

Write each percent as a reduced fraction.

1% =	20% =	55% =	90% =	75% =
99% =	5% =	95% =	80% =	12% =
70% =	65% =	50% =	2% =	48% =
24% =	25% =	98% =	40% =	15% =
60% =	30% =	4% =	35% =	36% =
45% =	8% =	10% =	21% =	85% =

© Saxon Publishers, Inc., and Stephen Hake

Saxon Math 6/5

FACTS PRACTICE TEST

K — **30 Percents to Write as Fractions**
For use with Lesson 115

Name _____

Time _____

Write each percent as a reduced fraction.

1% =	20% =	55% =	90% =	75% =
99% =	5% =	95% =	80% =	12% =
70% =	65% =	50% =	2% =	48% =
24% =	25% =	98% =	40% =	15% =
60% =	30% =	4% =	35% =	36% =
45% =	8% =	10% =	21% =	85% =

© Saxon Publishers, Inc., and Stephen Hake

Saxon Math 6/5

FACTS PRACTICE TEST

K | **30 Percents to Write as Fractions**
For use with Test 22

Name _____

Time _____

Write each percent as a reduced fraction.

1% =	20% =	55% =	90% =	75% =
99% =	5% =	95% =	80% =	12% =
70% =	65% =	50% =	2% =	48% =
24% =	25% =	98% =	40% =	15% =
60% =	30% =	4% =	35% =	36% =
45% =	8% =	10% =	21% =	85% =

© Saxon Publishers, Inc., and Stephen Hake

Saxon Math 6/5

FACTS PRACTICE TEST

K — **30 Percents to Write as Fractions**
For use with Lesson 116

Name _____

Time _____

Write each percent as a reduced fraction.

1% =	20% =	55% =	90% =	75% =
99% =	5% =	95% =	80% =	12% =
70% =	65% =	50% =	2% =	48% =
24% =	25% =	98% =	40% =	15% =
60% =	30% =	4% =	35% =	36% =
45% =	8% =	10% =	21% =	85% =

Saxon Math 6/5

FACTS PRACTICE TEST

K | **30 Percents to Write as Fractions**
For use with Lesson 117

Name _____

Time _____

Write each percent as a reduced fraction.

1% =	20% =	55% =	90% =	75% =
99% =	5% =	95% =	80% =	12% =
70% =	65% =	50% =	2% =	48% =
24% =	25% =	98% =	40% =	15% =
60% =	30% =	4% =	35% =	36% =
45% =	8% =	10% =	21% =	85% =

© Saxon Publishers, Inc., and Stephen Hake

Saxon Math 6/5

FACTS PRACTICE TEST

30 Percents to Write as Fractions
For use with Lesson 119

Name _____

Time _____

Write each percent as a reduced fraction.

1% =	20% =	55% =	90% =	75% =
99% =	5% =	95% =	80% =	12% =
70% =	65% =	50% =	2% =	48% =
24% =	25% =	98% =	40% =	15% =
60% =	30% =	4% =	35% =	36% =
45% =	8% =	10% =	21% =	85% =

© Saxon Publishers, Inc., and Stephen Hake

Saxon Math 6/5

FACTS PRACTICE TEST

K — 30 Percents to Write as Fractions
For use with Lesson 120

Name _____

Time _____

Write each percent as a reduced fraction.

1% =	20% =	55% =	90% =	75% =
99% =	5% =	95% =	80% =	12% =
70% =	65% =	50% =	2% =	48% =
24% =	25% =	98% =	40% =	15% =
60% =	30% =	4% =	35% =	36% =
45% =	8% =	10% =	21% =	85% =

Saxon Math 6/5

FACTS PRACTICE TEST

30 Percents to Write as Fractions
For use with Test 23

Name _____

Time _____

Write each percent as a reduced fraction.

1% =	20% =	55% =	90% =	75% =
99% =	5% =	95% =	80% =	12% =
70% =	65% =	50% =	2% =	48% =
24% =	25% =	98% =	40% =	15% =
60% =	30% =	4% =	35% =	36% =
45% =	8% =	10% =	21% =	85% =

Saxon Math 6/5